升遷不單靠努力，

職場小白必學工作話術與人際觀察

讀懂空氣更順利

蔡祐吉——著

序

在職場最會說話的人，不是話最多的人

闖蕩職場三十多年，見證橫跨戰後嬰兒潮、X世代、Y世代到Z世代的主管與同事互動，我有一個深刻體會：你不一定要最有能力，但你一定要會「讀空氣」。

職場，是個比你想像中還要「有味道」的地方——那味道不是咖啡香、不是便當味，也不是會議室裡涼颼颼的冷氣——而是一種無法明說、卻無處不在的「空氣感」。

以前的辦公室空氣，是封閉的、壓抑的。長官說一句話，底下的人不敢有第二句，偶爾頂一下嘴，隔天有人辦公桌的電腦桌面，就會多出一個「辭職信模板」。

那是一種「話說太多就是找死」的時代。

但現在呢？現在是一個「話說太少會被當成透明人」的時代。

你的意見如果沒有人聽見，會議結束的五分鐘後，你就會被當成「這人可有可無」

的角色。

溫良恭儉讓的時代過去了。

現在流行「有話直說」、「直球對決」。不爽就說、要加薪就講、不同意主管的決定也能在LINE上立刻「開啓一個新討論串」。

從絕對權威的領導時代，走向現在的大缺工時代，辦公室裡的對話方式，也跟著翻天覆地的改變。

可惜的是，雖然我們開始「勇敢說出來」，卻還沒學會「怎麼說，才讓人願意聽下去」。

一句話說得好，氣氛會暖；一句話說得不好，就算你沒有惡意，也可能被誤會成「公主病」、「心機鬼」、「討拍仔」。

這些年，我陪著不同世代的職場人工作。年輕的Z世代，說話帶著自我意識與理直氣壯；年長的主管，則常覺得自己講的都是經驗，但怎麼一出口，底下的人就開始滑手機、關靜音。

我理解這些世代的差異，也理解職場上的「語氣誤會」，其實比「意見衝突」更傷人。

你以爲主管只是皺了眉頭，但其實他已經在內心扣了你一分；你以爲同事講話只是

「開開玩笑」，但其實人家根本是用笑聲在包裝批評；你以為自己「沉默是金」，但其實大家早就覺得你「神隱又難親近」。

所以，在辦公室裡，「閱讀空氣」這件事，從來不是日本人的專利，而是每一個想好好過職場生活的人，都要學會的基本生存技能。

這本書，就是為了你而寫的。

你也許是剛進入職場，還搞不懂誰是誰的菜鳥小白；你也可能是資深同仁，每天都在想：「我說這句話，是不是太直接了？」你可能是主管，總是想怎樣讓年輕人願意聽你說話；你還可能是下屬，想讓主管記得你不只是「聽話」，更是「會說話」。

這本書整理了四十五個職場說話實境，每一則都像你曾經碰過的、或快要碰到的劇情。

我不是想教你如何花言巧語，也不是要你曲意逢迎，而是希望幫你建立一個概念：

說話，不是為了表現自己，而是為了讓對方願意靠近你。

有時候，是「多說一點」，讓別人理解你的立場；有時候，是「少說一點」，讓自己看起來不那麼像個對立者；有時候，是「換句話說」，讓整件事情聽起來圓潤又專業。

說話的關鍵，不是話術，而是態度。

懂得說話的人，不一定是最有學問的那一位，反而可能是那個每次開會，都讓大家鬆一口氣的人。

職場，不是辯論賽，也不是演講比賽。你不需要句句有理，只需要句句有人願意聽。

這是我的第五本書，也是第二本以口語表達爲主題的專書。

剛好今年，我卸下十一年的企業公關與發言人職務，回到母校世新大學口語傳播暨社群媒體學系與新聞學系任教，得以進一步應用所學，分享口語表達的專業，彷彿是人生新的圓滿。

多年沒有出書，特別感謝方智出版社的經理眞眞、主編淑雲，總是溫柔地提醒我：「老師，該交稿囉！」而且永遠像一位堅定的製作人，把每一段我寫得不夠好的地方，挑出來修正，讓文稿從格式到案例內容都盡可能接近讀者。也謝謝責任編輯振宏，在後期繁瑣的編輯作業中，耐心細心地完成每一個細節，展現細膩的編輯功力。

沒有你們，我是不可能在忙碌的教學與顧問工作間，準時完成這些文字的。

也謝謝每一位推薦人，以及總是支持我的家人朋友們。

最後，我希望這本書不是教你「說漂亮的話」，而是協助你「說出能被聽進去的話」。

畢竟，在職場裡，**眞正厲害的人，從來都不是最會說話的那個，而是最知道什麼時候該說、什麼時候該「不說」的那個。**

目錄

PART 1 細心解讀，職場中的隱形規則

了解職場許多不明說的潛規則，才能避免踩雷。

PART 2 把話說好，讓人喜歡與你合作

說話的技巧，決定了你在職場的影響力與人際關係。

PART 3 避開職場風險，穩健前行

如何在複雜的職場環境中，安全避險並持續成長。

PART 4

真正聰明的你，這樣讓自己升遷

升遷不是靠努力，而是靠策略，讓自己成為關鍵人才。

PART 1

細心解讀，職場中的隱形規則

了解職場許多不明說的潛規則，
才能避免踩雷。

01

你以為沒事，但主管其實已經不爽了——如何察覺自己正在被冷落

Q

早上開會時，主管臉色看起來和平常沒兩樣。你照往常地在群組裡補了一句建議，但沒收到回應。開完會，你主動上前說：「我有空，可以幫忙支援行銷那邊。」主管說：「喔……好啊，那我再看看。」語氣淡淡的，連眼神都沒有太多接觸。

接下來幾天，沒有交代新工作給你；寄報告，他已讀未回；同事悄悄問你：「你最近是不是踩到主管什麼地雷了？」

請問你會怎麼判斷這個情況？

A. 主管最近只是太忙，沒空理你。

B. 他可能對我哪件事不滿，只是還沒說。

C. 應該沒事啦，別想太多。

A

如果你選的是C，恭喜你——你很可能是最後才知道自己被邊緣化的人。

主管的不爽，不會明說，會慢慢讓你「感覺不到自己」

職場裡，最可怕的不是主管罵你，而是——他不再對你開口。他不再問你進度、不再邀你開會、不再點你發言，你變得透明，像是辦公室裡的一張椅子，一張有名字、但沒有存在感的椅子。

別以爲主管什麼都沒說就是「沒事」，事實上，大多數的主管一旦對你產生不滿，是不會主動告訴你的。他們有太多事要忙，不會花時間「教育」你；他們只會默默把你排除在核心圈外，讓你自己慢慢明白，你在他心中的價值正在下降。

主管為什麼會開始冷落你？

以下這幾種行爲，是常見的「無心地雷」，但很多人做了還自以爲是「理直氣壯」。

①公開挑戰主管的意見

會議中你說：「我覺得B方案比較有彈性，A方案可能風險比較大。」聽起來是理性討論，但對某些主管來說，這句話就像是在指著他的鼻子說：「你的判斷比較沒道理。」

在這邊補充提醒一下：一般來說，主管不怕你不同意他的想法，但他們怕你在不對的時機、用不對的語氣「讓他沒台階下」。

②執行指令態度冷淡

他說：「這份報告請你在今天下午兩點之前寄給我。」

你回：「喔，我盡量。」——這句話聽起來像沒打算完成。

記住：「我盡量」＝我沒保證，主管最討厭聽到這句話。而「喔」，又帶著某種敷衍的態度，聽了更讓人不滿。

③情緒化地抱怨

你總是在主管面前抱怨同事、抱怨流程、抱怨時間不夠……主管會覺得你不是在解決問題，而是在增加問題。

④對他交代的事，敷衍回應

「喔，我知道了。」、「等等再看看。」這些回答看似中立，實則給主管一種「你不重視他交代的事」的感覺。

你已經被冷處理的五個訊號

要知道自己是不是已經被主管「冷處理」，不用等到你真的「被開除」，從下列五個訊號就能看出來。

①開始稱呼你全名、語氣變得公事公辦

從「小張」變成「張專員」，從「辛苦你了」變成「請你完成」，語氣開始變冷，關心、熱絡、親切感消失。

②減少交辦重要任務

你以前是專案主力，現在只被安排一些例行性的、或者可有可無的任務，甚至完全沒事做，看似工作輕鬆不少，實則是權力被完全撤除了。

③與主管的互動頻率明顯下降

主管開會不再cue你發言、群組裡從不回你寫的訊息、遇到事情也不再先問你的意見，你彷彿成了主管眼中的「空氣」。

④對你建議的事「已讀不回」或「無回應」

你提出方案、補充資料，他們總說：「我看看。」然後就再也沒下文。這不是忙，是在冷處理你。

⑤在你需要支持時選擇沉默

當你被其他部門質疑，主管選擇保持中立，甚至附和對方——這表示他不想繼續爲你背書。

如何挽回主管對你的信任與關注？

別再等對方開口指正你。眞正成熟的職場人，會主動做「關係修復」。

①主動回報，讓主管感覺「掌控感」回來

工作有進度，就報告；遇到瓶頸，也主動請教。主管不怕你卡關，他怕的是你卡關了，卻又裝沒事。

你可以這樣說：「主管，我預計三天內完成某某專案，目前在處理第二階段，但遇到一點技術問題，我會盡快排除，但某某部分可能需要再請您指導，看您下午有沒有空檔？」

②主動爭取承擔，不要當透明人

當主管問：「這部分有沒有人想接？」不要再觀望，先舉手再說。

你可以這樣說：「如果主管同意，我願意先嘗試處理，後續有需要我也可以協調其他資源。」

③用事實行動讓主管看到你「不是用嘴巴在調整」

不要只道歉，更要「展示改善」。今天你認了錯，明天就用報表、提案、時間控管，證明你真的有變——是行動上真的調整了，不是只有「口惠」而已。

④適時私下溝通，釐清誤會或情緒

別硬撐，有時主管的誤解是可以解釋清楚的，所以不要害怕「直接敲門、正面溝通」。

你可以這樣說：「主管，有一件事我一直掛心，怕之前的溝通讓你有誤會，我想澄清一下，也讓你知道我後續的處理方式。」

逢凶話吉TIPS

主管不說話，不代表沒想法；你覺得「沒事」，可能才是最大的事。

在職場上，當你感受到氣氛不對，不要裝沒事；改變的關鍵，不在於「誰錯了」，而在於**誰先修補關係**。

被主管冷落並不可怕，可怕的是你還以為「一切正常」而繼續過著毫無危機感的安逸日子，那才是真的可能失去工作的前奏。

02

對你友善，不代表他站在你這邊——如何識破職場中的表面友好

Q

你做了一份重要的提案簡報，發送給團隊討論。隔天的部門會議上，有三位同事語帶關心地開了口。

甲：「哇～～這份報告做得好詳細喔，不愧是你耶！」

乙：「我們昨天才剛收集完數據，你怎麼這麼快就做出來了啊？」

丙：「我看你報告裡提到的這幾點，某些同仁可能不會太贊同喔，你要小心。」

請問：哪一句話最可能來自「表面友善、內心保留」的人？

A 答案是丙。（當然，甲乙丙三個人可能內心都「有鬼」，但丙那種「披著關心外衣的警告」最典型。）

看起來站在你這邊，其實只是一種幻象

印象中曾經聽過這樣一句話：「如果有人喜歡你，那不一定是你的功勞；如果有人討厭你，也不一定是你的錯。」

在職場中，我覺得還可以加上這樣一句：「如果有人對你友善，那也不一定是因爲他站在你這邊。」

有時候，我們太渴望有人欣賞我們，於是把一句客套話當作眞心相對、把一個微笑當作對方是盟友知交，最後才發現原來自己是孤身一人、被出賣都還沒弄懂事情究竟是怎麼發生的。

職場裡的兩種「友好」：有溫度VS有目的

在辦公室裡，有一種人你會很喜歡：他總是替你遞文件、幫你倒咖啡、爲你打圓場。可是你會發現，當你需要一個「公開的支持」時，他總是很不巧地「剛好」不見人影……。

他在茶水間說支持你，替你打抱不平，在主管面前卻沉默；他跟你一起討論提案時很熱情，可是到了決策會議上卻說：「我不是很了解他的想法，還是讓他自己說明吧。」

這種「無害型友善」，在日本職場有個很好的形容詞，叫做「空氣系同事」——會一起笑、一起點頭、一起拍照，但就是不會在關鍵時刻一起站出來支持你。

理論加油站：表面友好vs真正支持的五個差別

表面友好	真正支持
有微笑互動，無實質行動	願意公開表態支持你
在你面前稱讚，在背後觀望	當你不在時也會為你說話
習慣說「你很棒」，卻不參與討論	願意與你一同承擔風險
在你成功時靠近，在你失誤時遠離	願意在你跌倒時伸出手
警告你「要小心別人」，但從不幫你解圍	助你看清局勢，也幫你穩住腳步

所以，判斷一個人是否眞正支持你，不在於他說了幾句好聽話，而是他**在關鍵時刻，是否願意站在你這邊**。

為什麼有人要裝得很友善？

在職場上，很少人願意當壞人。眞正高段的，是當個「讓你以爲是朋友的人」。這種人很懂得操作人際之間的距離。他會讓你覺得你們有「某種跟別人不一樣的關係」、有一些「獨特的默契」，這樣在你做決策時，就會考慮到他的立場。他不是你的敵人，卻也從來不是你眞正的隊友。

還有一些人的友善，純粹是爲了「情報交換」：在你還信任他的時候，從你這裡挖出有用的資訊，再轉交給對他有利的人。所以當你以爲你是在「培養關係」時，他其實是在「利用關係」。

三種「表面友善者」的隱藏動機

下面三種人，就是典型「表面友善」、看似無害，但實際上「另有目的」，你一定要特別小心的類型。

①想站對邊，但還在觀望

這種人是在等風向。他對你笑，是因爲你此刻還算有勢力。一旦你案子沒過、主管不挺，他會秒變「保持中立」。

②職場情報蒐集員

他善於套話、打聽、假裝熱情，讓你卸下心防，然後把資訊拿去換取別人好感。你在掏心掏肺說心裡話，他則是在心裡頭一字一句記錄下你的話，準備作爲素材拿來「好好運用」。

③人設管理師

這種人習慣在所有人面前保持「正面形象」，所以對所有人都友善，從不明著衝突。他會對你笑，也會對你的競爭對手笑。你以爲他選邊站了，其實他永遠是「兩邊都不得罪」。

如何應對？三招不讓自己被表面友好騙了

看到這裡，你可能會說：「先不說我分不分辨得出誰是眞友善，誰是表面友善好了，就算我已經懷疑對方不是眞心，又能怎麼辨呢？」先別慌，讓我們以下列三項來判斷。

①別急著掏心掏肺：建立觀察期

不要一見到微笑就付出信任。職場不比交朋友，要用「具體行動」來衡量人，而不是僅從「言語」或「表面態度」來分辨。

②留意他在你「不在場」時的行為

你可以間接觀察他是否曾在會議上爲你補充、是否在主管面前幫你確認資訊，這些細節能反映他是不是眞的「站在你這邊」。

③慎選自己公開支持的人

在職場上，過早、過重地表態，有時反而會讓你在不知不覺中，被捲入鬥爭。所以當你決定公開支持別人前，也要觀察對方是否真的值得你這樣做。

逢凶話吉TIPS

我不是要你懷疑周圍的所有笑臉，也不是希望你變得冷漠、防備一切。你只需要記得：**真正站在你這邊的人，不會只在你成功時出現，也不會只給你笑容，卻從不給你實質的支持。**

03

你沒被開除，但已經被邊緣化了——如何察覺自己正在失去影響力

Q

當你早上開信箱，發現主管召開的跨部門會議自己卻沒被邀請。你私下問了資深同事，對方只是淡淡地說：「應該是忘了吧？」

A. 你覺得主管應該真的只是忘了，然後就放心繼續做自己的事。

B. 你主動去問主管：「我沒接到會議通知，請問這個專案我是否還需要參與？」

C. 你冷靜記下這是最近的會議裡，連續第三次被漏邀，心裡開始有所警覺。

你會選哪一個？

A 正解不是唯一，但選C的人，最懂得職場裡「溫水煮青蛙」的真義。

沒有被明著踢走，但你的影子卻慢慢在消失

有些人離開職場，是因爲被資遣，擺明要你走人，這還算「死得痛快」；但更多人，是因爲在一場又一場會議中慢慢「被消聲匿跡」，用「逐步失去存在感」的方式「被淡出」，最後連自己都搞不清楚還屬不屬於這個團隊？

這是世界上最殘忍的冷處理——不是罵你、不是懲罰你，而是根本不再需要你。

你以爲你只是沒被邀請參與某個會議；你以爲大家只是忘記CC你；你以爲只是最近比較沒人來問你意見。但當你「以爲只是一次例外」的情況累積了三次、五次，那很可能就不是「例外」，而是一種「答案」。

你正在被邊緣化的五個警訊

在每天忙碌的辦公室生活中，你注意到下面這五個徵兆嗎？

①從意見領袖，變成資訊邊緣人

你發現重要的會議沒人找你、群組討論裡你成了沉默的旁觀者；你不是不想參與，而是——你根本沒被標記。

②報告沒你的名字、信件沒你的副本

過去你習慣掛名的案子，突然只剩下同事——甚至是後輩的署名；你以為主管忘了CC你，其實是你早被排除在決策圈外。

③沒人找你討論，也沒人跟你吵架

別小看有人大聲小聲跟你爭論，因爲「會找你吵架」代表你的想法仍被看作是「重要的聲音」。眞正的危險是，大家對你已經澈底「沒感覺」，根本懶得理你了。

④工作交辦變少，但不是因為升遷

你看似輕鬆，但實則已被邊緣安置成「在一旁安靜就好」以及「不要製造問題就好」的那種存在。

⑤你說的話，像對著牆壁打球

你積極提出建議、發表意見，卻經常被一句軟釘子「嗯，好，我們再看看」帶過；然後話題就進入了沒有你參與的下一階段……。

當你感受到上面五種情況時，你都要反思自己是不是已經跌入了「辦公室冷宮」，要開始想想自己該如何「突圍」、「自救」。

那些讓你不知不覺被排除在外的行為

當然也有的時候其實並不是你被「針對」，下列三種行爲是你把自己「隱形」了而不自知。

①過度低調，以為實力會說話

「我不喜歡表現，我只想把事情做好」——很抱歉，在團隊裡，沒人聽得見你腦海裡的才華。你以為默默耕耘會被發現，但眞相是，「不出聲」、「不表現」只會讓你從主管腦海中的「先發球員名單」中被刪除。

②只做交辦的事，沒有參與感

每次會議你都從頭到尾一路點頭稱是，但卻從不發言提出意見（或「異見」）；主管交辦的任務你都能夠完成，但從不提出其他建議。久而久之，大家就眞的不會再找你討論——反正你不會有意見，你也從來不是「那個能讓事情變得更好」的人。

③過度劃清界線，常拒絕幫同事

遇到任何事情，你總是會說：「這不是我負責的喔」、「我應該不用參與吧？」久了大家乾脆也就不問你了。

雖然有「邊界感」很好，但過頭了就會變成「不合群」。在職場中，儘管團隊並不是「義工活動」，但也絕對不是一人一島的「單兵作業」，一定程度還是需要同事之間彼此互相配合的。

想重新被看見？先別大張旗鼓復出

想要從邊緣化的處境中反轉，並不是靠戲劇化的大聲宣告，而是要靠穩定且策略性的「回歸感」。做好以下三步驟，可以幫你找回在辦公室內的影響力。

①主動介入微小討論，從小範圍開始補位

你不需要直接跳上領導舞台，只需要在群組中「多發出一點問句」、在小組討論中「主動提供問題解法」，你的存在感就會瞬間醒目。

這是第一步——讓大家再次「記得你」。

②創造自己的角色定位：成為資訊整合者／提問高手

你不一定要成爲最厲害的「解決方案提出者」，但你可以成爲「總是幫大家釐清問題脈絡的人」。

請記得：問對問題的人，往往比答對問題的人，更能夠讓人信任。

③讓自己出現在「決策前一層」的場合

試著在計畫前期、草擬階段就參與，不是總是等到大家都卡好位了，甚至定案了才加入。

要知道，想進入任何一個「核心圈」，都必須從「準備會議」的圈層就開始早早卡位，才能累積「革命情感」；如果錯過了開頭，等到後面才要去分享、收割團隊的果實，恐怕只會落得被人家說是來「蹭」的而已。

逢凶話吉TIPS

不是每個人都會被開除，但卻都有可能面臨「失勢」、「被邊緣化」的痛苦、淒涼，而且除了「同事或長官『搞』你」之外，很多人沒想到竟然是「自己把自己關在門外」，是自己造成這樣的結果。

解鈴還須繫鈴人，你只需記得：**存在感不是「喊出來」的，而是靠「積極參與」創造出來的**。

04

會議結束後，真正決定你前途的討論才開始
——如何影響幕後決策

Q

請問以下哪一種人在會議結束後，最可能受到主管重視，甚至影響團隊後續的決策方向？

A. 在會議中踴躍發言，幾乎每一題都搶先回答。

B. 安靜聆聽，只在必要時才簡潔表達一次意見。

C. 雖然不多話，但在會後默默與主管、同仁交流觀點。

A 沒有標準答案，但真正高段位的職場人，往往是「B＋C」的組合，因為「發言＋承接」，才是完整的影響力。

你以為事情結束了，其實只是剛開始

我們從小就被教育：開會的時候要專心聽、適時發表意見、要有貢獻，才會被看見。但職場的現實卻常常是：你在會議上講得口沫橫飛，卻沒有留下什麼影響；你以爲一場會議定生死，但其實關鍵對話都在「散會後」才開始。

眞正決定專案方向、團隊走向、甚至你升遷機會的，往往不是在會議中白紙黑字的紀錄，而是在茶水間、電梯口、主管回辦公室途中與同溫層交頭接耳時，**那幾分鐘不公開、未列入紀錄的對話**。

會議中發言：不求多，而是要求精準

發言不是爲了讓你「講很多」，而是爲了讓別人「記得你有講，而且講得有價值」，我們先來看會議中發言的「黃金法則」。

過度發言的風險

· 容易讓人覺得你想出風頭，搶戲。
· 容易失焦：講太多，重點變模糊。
· 容易消耗耐心：別人想講的你全包了，反而引來反感。

沉默的誤會

· 有人說「沉默是金」，但如果你場場都「金」，大家就會開始懷疑你到底在不在乎這件事？有沒有用心在主題上？
· 不發言 ≠ 穩重，有時只是「存在感逐漸消失」。

理想做法

・三次黃金發言原則：在會議中把握三個時機講話——提出觀點、補充觀點、總結觀點。

・精準發言句型練習：

「我簡單補充一下各位剛才的意見……。」

「我試著提出一個不同的角度來看這個議題……。」

「如果照這樣做，我想提醒大家，我們可能面臨的風險是……。」

真正重要的，是「會後的小圈圈」

這才是大多數人忽略的關鍵——**會議是表演，會後才是交涉**。

你會發現，會議上大家很民主、很客觀、很專業；但一到會後，主管轉身對你說：

「其實我剛剛那樣講，是因為A主管在，不方便明說……。」

有些人在會議中當觀眾，會後才成為導演。這些小圈圈包含：

・主管與主管之間的討論：「剛剛小林提的案你怎麼看？我覺得他最近有點積極過

頭了。」

・主管與幕僚的意見交換：「剛剛那幾個人，你覺得可以信任誰來做後續規畫？」

・核心同溫層間的資訊對話：「剛剛那個案子我其實早就知道要這樣做，他們只是沒講出來而已。」

如果你沒有意識到這些「延伸賽事」的重要性，那你可能一直只活在會議的「前半場」。

如何在會議前後都留下好印象？

高明的說話者，在會議前、會議中跟會議後，都該因時因地說不一樣的話，做出不一樣的表達。

會議前：先建立立場，不是到場才思考

・在會議前，主動跟一兩位可能相關的同事聊聊：「你覺得我們這次應該怎麼提意見才會比較有力？」

・預先準備兩個重點句：一個是「提案角度」、一個是「應變回應」。

這不只是準備，而是讓你**成爲對話中有價值的聲音**。

會議中：適度發言、精準發球

・把握三次發言節奏，不追求每題都講。

・善用「呼應策略」：

「剛才B說的部分我認同，我想再延伸一下……。」

「針對主管的提問，我想補充兩點……。」

這樣的表達，會讓你被視爲「有聽、有想、有組織」。

會後策略：留下話題、創造延伸對話

・散會後一句：「剛剛那個議題，我其實還有些資料可以補充，請容我整理後，再寄給各位參考。」

・或者私下與主管說：「我剛才一時沒講完整，這件事我有些背景補充，如果你方便我晚點說明一下。」

這些行爲，看似只是「補充」或「延伸」，但在職場觀感中，你會被歸類爲「有責任感、能主動思考」的人。

逢凶話吉TIPS

別以為開完會你事情就做完了。

請記得：

會議是一場戲，但你的升遷，是演完戲後的評價決定的。

真正的職場高手，是在「會議之間」創造價值、在「表決之外」累積信任的人。

05

一個錯誤的發言，讓全場瞬間安靜
——如何避免職場社交災難

Q

今天你的團隊做了一份市場簡報，你看完後發現有三個關鍵錯誤，但簡報已送給主管，會議即將開始。你會怎麼做？

A. 在會議中直接指出三個錯誤，表現你有專業。

B. 會前找簡報製作者聊聊，請他自行補充或修正。

C. 會後私下寫信給主管，說明錯誤並附上建議版本。

A

B＋C是職場高段位者的選擇。別為了當場發亮，反而被誤解成「搶功」、「批評」。

在職場，說錯話比不說話還致命

再來看一個場景：

會議正熱烈進行，你語氣輕鬆地說出一句：「說眞的啦，這案子我覺得根本沒機會成功，應該一開始就打掉重做。」

結果全場安靜三秒。主管臉色凝重，同事紛紛低頭滑筆電。你開始懷疑：「呃……我是不是說錯話了？」

歡迎來到職場社交地雷區。恭喜你，一句話炸掉全場輕鬆的氛圍。

你以爲自己只是「坦率」、「說眞話」、「直來直往」，但在辦公室文化裡，**說話**

的方式＋時機＋對象，常常比「說的內容」本身更重要。

職場不是心靈講堂，不是讓你每天做情緒排毒的地方。一個氣氛不對的玩笑、一次時機不當的吐槽、一句無意間的冒犯，可能讓你從「無害同事」瞬間變成「團隊公敵」。

哪些話題是辦公室禁忌？

你可能以爲：「我又不是說八卦，怎麼會不妥？」其實眞正危險的，常常是你「沒意識到的話」。

來看看辦公室常見的「地雷話題」。

①主管與制度的負面評價（尤其是在公開場合）

像是：「這制度根本脫離現實吧？」、「爲什麼每次都是他升職？」——哪怕你說的是實話，也可能被當成「製造負能量」的人。

②同事的私事與個人生活

「他最近是不是感情出狀況啊？」、「她不是說正在減肥嗎，怎麼又在吃蛋糕？」——再親近的同事，也別這樣議論或開玩笑。

③關於年齡、性別、外貌的評論

「你那一輩的好像都不習慣數位工具吧」、「你今天穿得好像去相親耶」——即使沒有惡意，這樣說出口也可能踩雷。

④觸碰升遷、薪資、績效分配

在不該討論的時間與對象前提及這些話題，容易讓人覺得你在挑撥、抱怨、攪局。

⑤開不起玩笑時的「開玩笑」

「你做這案子一定會出狀況的啦，哈哈哈……。」——別低估他人對自己專業的專業度與敏感度。

說話時機的學問：為什麼你這樣說形同「社交自殺」？

說真話不是錯，但如果說的時機錯了，就會讓你被貼上「不成熟」、「不合群」、「愛批評」的標籤，以下是常見的幾種錯誤。

①說得太快

會議才開始你就立刻吐槽，讓還沒暖場的氣氛瞬間結冰。這時大家只會記得你「潑冷水」，而不是你「很有見解」。

②說得太公開

有些話應該私下說，否則一旦主管或同事被當眾挑戰，很可能會記恨你，而不是聽取你的意見。

③說得太直接

「我覺得這個案子方向完全錯了」與「我們是不是可以重新確認一下這個方向是否

跟市場需求一致？」你要表達的內容其實一樣，但說法（措辭）不同，效果天差地遠。

④說的時候沒在看氣氛

今天氣氛緊繃，大家都繃著臉，你還在那邊說：「我們來點創意，搞點不一樣的！」——時機錯，連幽默都會變成一種惹怒。

如何判斷氣氛，找到「開口的正確時間點」？

判斷氣氛，其實是一種「社交雷達」，你可以從以下四個角度來培養。

①觀察表情

主管皺眉、同事分心滑手機、大家眼神飄忽，就不適合深談或挑戰。

②聆聽語調

如果大家語速快、聲音緊繃、用詞保守，那就別輕易開砲。

③觀察群體節奏

如果大家剛剛還在寒暄、開玩笑，就別突然跳進高難度的問題攻擊區。相反地，如果大家已經進入「真槍實彈」的階段，你也不應該再扮演「討好型和事佬」。

④等「兩次之後」

你想講的話，先讓別人講一次、兩次，再進場講。這叫「踩節拍進場」，也能讓你的意見更容易被接受。

五句安全又有效的表達句型

1. 「我這裡有一個補充的想法，請大家參考看看。」
2. 「我有點不同的觀察，不知道這樣說是不是恰當……。」
3. 「我有個問題想釐清，不曉得這部分我們之前有沒有考慮到……。」
4. 「也許這時機點說不太對，但我想提醒一個可能的風險……。」
5. 「我可以提供另一種說法的角度，大家再評估看看。」

這些句子有一個共通點：留白、示弱、提供選擇空間，但內容依然有力。

逢凶話吉TIPS

說話要看人、看時機、看場合。你說的話能不能加分，不在內容，而在你「什麼時候、對誰、怎麼說」。

在職場，口才是天賦，但懂得閉嘴，是智慧。

06

好心幫忙，卻讓自己惹禍上身——為什麼你的提醒被當成找麻煩

Q

同事做了一份簡報，裡頭有幾個資料圖表你覺得標示不夠清楚，而且你發現內容填寫有些錯誤，你會怎麼做？

A. 幫同事調整簡報格式，結果對方卻沒說謝謝。
B. 提醒同事資料填錯了，結果被白眼。
C. 在群組中提出建議，卻被已讀不回。

如果你ABC都勾了（三種都遇到過），那不代表你有問題，只是你還沒有真正學會「怎麼樣包裝你的善意」。

你是好心，對方卻覺得你在挑毛病

職場裡最常見的一種「溝通災難」，就是這種——你原本只是善意提醒，對方卻像踩到地雷一樣爆炸；你幫他糾正了錯誤，他不但不感激，還記恨你「讓他難堪」。

這不是你「好心沒好報」，而是你忽略了一件事：

在職場裡，「被幫忙」這件事，本身就有潛台詞。

你主動伸手，對方不一定會覺得你在扶他；他可能覺得「你是在暗示我做得不夠好」。

為什麼「提醒」很容易被解讀成「找麻煩」？

提醒，本質上是一種「修正別人的方向」；而在職場中，大部分人都希望自己被看作「專業、有能力、值得信任」。你的一句好意建議，聽在某些人耳中，就是「你在質疑我的判斷」，尤其當下列三種情況發生時，更容易出現誤解。

①私下提醒，語氣卻不夠柔軟

「你那個地方是不是搞錯了？」這種直接的句子，沒有上下文包裝，容易讓人感覺你在「糾錯」，而非「幫忙」。

②對方正在壓力中，你卻來「補一刀」

如果對方正在趕案子，而且正在壓力超大的壓線時刻，這時你又提出修改建議，他聽到的絕對不會覺得「更好」，而是一種「已經夠忙了，怎麼又來煩我」的聲音。

③你在公開場合「提醒」

很多人最在意的不是錯誤，而是「別人怎麼看我」。你在會議上說：「這邊可能哪裡有問題哦～～」對方就算個性再溫和，內心都可能飄出「你幹麼在這裡講？」的怨氣。

如何判斷對方是否真的想要你的意見？

提醒的前提，是對方「願意聽」。在開口之前，你可以觀察這三個訊號：

①對方主動來問：「你覺得這樣可以嗎？」

只要出現類似語句，就代表他是開放狀態，這時你可以放心給建議。

②對方在討論中呈現「不確定、不自信」語氣

「我有點不確定這樣會不會太亂……。」這句話背後的訊息就是：「拜託給我一點方向！」這時也是提出建議的時機。

③他曾經對你的建議表達感謝，並真的採納過

這表示他心中認定你是「可靠協力者」，你就可以持續適度提醒。

相反地，如果對方一貫自信滿滿、不曾聽取他人意見，或在過去曾對你的建議做出負面反應——那就請你收起「熱心」，別幫錯了忙。

要提醒也要有技巧：怎樣說才不會讓人覺得你在批評？

這裡提供五個說話技巧，讓你的「好心建議」不再變成「職場地雷」。

①先自曝缺點：「我自己以前也……。」

你的開場可以這樣說：「我自己過去也常在這邊出錯，不過我後來試了一種方法……。」

這種先自嘲的方式，能降低對方的防衛感。

②交出決定權：「這是我多管閒事，你可以不用理我……。」

這句話反而最容易讓人聽進去，因爲你把「決定權」還給對方。他不會覺得被控制。

③三明治表達：「你這樣做已經很好了，我只是補充一個點……。」

這是典型的「三明治技巧」表達法：先稱讚→再提醒→最後再補一句「不過整體來說你做得很棒！」

④善意合作感：「如果你願意，我可以幫你一起看一下……。」

這句話比「你這樣好像不太對」聽起來合作許多，對方更容易接受。

⑤提替代方案：「這樣會不會更清楚？你覺得哪種比較好？」

不要單向否定對方，而是同步「提出替代方案」，讓對方參與選擇，感覺自己被尊重。

逢凶話吉TIPS

真正的善意，不只是出於熱心，而是能讓對方聽得進去、感受到尊重。在職場裡，溝通不是比誰最直白，而是比誰最懂得說話的溫度與時機。

下一次，在你想幫助別人之前，請先問問自己：「我是在幫忙，還是讓他感覺被糾正？」

會說話的人，不會白白做善事，但也不會因為幫助別人，反而讓自己惹禍上身。

07

他們笑了，但不代表你該跟著笑——如何讀懂職場幽默的潛台詞

Q

午休時間，一群同事在茶水間聊天。主管開玩笑說：「我們這組報表數據錯成這樣，乾脆讓菜鳥小林去說明就好了，看他怎麼把數字圓回來。」大家一陣大笑，有人邊笑邊說：「對啊，小林最會演講了~~」你看向小林，他乾笑兩聲，然後安靜地收拾飯盒離開。

請問：這個時候你會怎麼做？

A. 跟著笑，表示融入氣氛。

B. 裝作沒聽見，繼續滑手機。

C. 微笑一下後轉移話題：「欸，對了，那下午的會議流程確認了嗎？」

A

選C的人最懂「笑場外交學」；選A的人可能正在不自覺地「參與霸凌」；選B的人最容易被貼上「不合群」的標籤。

笑聲，是職場裡最輕盈、也最尖銳的利器

職場中的笑，不一定代表開心，也不一定表示認同。很多時候，一句看似無害的玩笑，背後藏著試探、排擠、權力展演，甚至是潛規則的暗示。

在公司裡，「你笑不笑」，有時就像是一種「投票表態」。

笑得太快，會被當成是在附和；笑得太慢，會被當成反應慢半拍的怪人；笑錯了場，被當成神經太大條。

所以你會發現，有些人擅長「職場微笑術」，他們永遠在「笑得剛剛好」的頻率上生存下來——這不是演技，是一種職場生存技能。

辦公室笑話的潛台詞：有時是測試、有時是警訊

別再以爲幽默就是放鬆。「說笑話的人」其實常在下意識中做下列三件事。

①測試忠誠度

當主管自嘲自己「最近老是出包」，你跟著大笑，他可能就會記住你笑得太眞；如果你立刻接：「不會啦，那是別人沒交代清楚！」這句話才是他眞正想聽的。

【職場語言翻譯吐司】有些笑，是爲了觀察：「誰站在我這邊？」

②傳遞「只能在圈內說的話」

當老員工開玩笑說：「這企畫又是行銷部門搞出來的花招。」那可能不只是抱怨——這是一個「內部共識」的投石問路：你聽得懂嗎？你也這樣覺得嗎？你站哪一邊？

【職場語言翻譯吐司】有些笑，是「暗語」。

③排擠的手段，披著「只是開玩笑」的糖衣

「阿傑今天又穿得像要去相親喔～～」

「小雅這個PPT的排版方式果然有她的style欸～～」

當這種話一再被拿來調侃某個人，久了，那個人就會被標籤、邊緣化，最可怕的是：全辦公室都覺得這只是「氣氛好、有趣」，只有被講的人每天笑著回應，心裡淌血。

【職場語言翻譯吐司】有些笑，是假歡樂、真孤立。

什麼時候應該跟著笑？什麼時候該裝作沒聽見？

你不需要每一句玩笑都有回應，但也不能什麼都裝沒聽見。以下提供三個判斷標準。

①對象是誰？階級是誰？話題是誰？

如果玩笑是主管開的，笑的是同事，內容是關於「不在場的他人」，這時候不要主動加入話題，也別問「到底發生什麼事啊？」——因爲你正在進入一個「試探區」。

建議做法：「輕笑帶過」＋「轉移話題」。

例如：「哈哈哈……主管今天語錄好多，等等我怕都寫不完。」（話題轉移成功）

②話題是否可能造成他人難堪？

無論那個人當下有沒有笑，你要觀察他「笑完之後的表情」。如果他眼神開始飄遠、話變少、行爲變靜默，那你就該意識到「他是在撐場面」。

建議做法：不跟著起鬨，也不裝傻附和。

不參與並不等於不合群，選擇中立是成熟的反應。

③是否涉及敏感議題（年齡、外貌、家庭、升遷）？

有些話題「可以笑」的門檻很高，一旦踩雷就會造成情緒傷害，甚至引發部門衝突。

建議做法：不主動、不附和、不記錄。

這些玩笑當笑話聽過就好，千萬不要轉述或發文，不然你會莫名捲入是非。

笑與不笑，怎麼影響你在職場的形象？

你怎麼笑，決定了別人怎麼看你。

・**總是笑太快的人**→被視爲沒有判斷力、風向轉得快、講話沒分寸。
・**永遠不笑的人**→被當成不合群、冷淡、不會做人，主管會說你「情商低」。
・**笑得剛剛好的人**→被視爲穩定、有界線、氣氛適應力強，能當團隊的潤滑劑。

職場「笑場智慧」三步驟

在職場中，「笑」與「不笑」跟「怎麼笑」，裡頭都暗藏了很多學問，也布滿地雷，你不可不知的三步驟如下。

①微笑不等於附和

訓練你的「社交性笑容」，嘴角有弧度，眼神保留距離。這是一種「禮貌」的表達，不帶立場。

②提問代替起鬨

當話題不確定是否適當時，你可以反問：「欸那你覺得我們明天簡報要怎麼帶，才不會被主管開玩笑啦？」輕鬆化解。

③保留幽默但有底線

你可以有笑點，但不能把別人的痛點當笑話。幽默感的底線是：不消費別人、不破壞信任、不為了「融入」而失去分寸。

逢凶話吉TIPS

辦公室裡不是所有的笑都是快樂的，笑聲之下常藏著政治、試探與立場。

你不需要假裝自己幽默，但你需要懂得「何時該笑、何時該沉默」，才能在輕鬆氣氛裡，安全地活下來。

08

話越多，機會越少——有時候沉默反而是最好的選擇

Q

例行的部門會議結束後，同事們邊收筆電邊閒聊，有人說：「老實說啦，我覺得這次專案根本就是財務部門在扯後腿。還有那個預算分配，也不知道是誰在喬的，真的很誇張。」

現場氣氛突然凝結，安靜了三秒鐘……。

請問下列哪句話最容易讓你被貼上「話太多」的標籤？

A.「那個案子我上次做過，裡面有很多內幕喔……。」

B.「我們之前也遇過類似的狀況，可以試試看這個方式。」

C.「小林今天怎麼這麼早走啊？」

A

正解是A與C，都是容易在不經意中洩漏、散播、引起波瀾的話。B才是有建設性的回應方式。

多話，不代表你有想法；有話直說，也可能是自毀前程

我們從小被教育要「敢說話、有想法」，但沒人教我們「不是所有的話都該說出口」，尤其是在職場。

你以爲你是在分析局勢，其實別人可能覺得你是在製造紛爭；你以爲你是誠實直言，其實別人聽來像是在攻擊同仁、挑戰體制、四處放火。

在辦公室裡，**話多的人不一定聰明，但一定更容易出錯**。

「多話」VS「有話直說」的界線在哪裡？

	多話	有話直說
出發點	想表現自己懂很多	想處理問題
語氣	評論他人、情緒化	聚焦議題、用詞克制
態度	輕率、不顧場合	有策略、觀察氣氛
結果	被當成「茶水間評論家」	被認為是「負責任的人」

一個愛說話的人，可能句句有理；但一個會說話的人，懂得「留白、沉默、挑選時機開口」。

職場四大禁忌話題：說一次就可能毀一次

你在辦公室裡說的每一句話，都是別人眼中的「觀察素材」。以下這四類話題，不管你有多麼想說，都請你放在心裡就好。

①薪資問題

「聽說她才剛來，薪水就比我高？」這種話一出口，立刻讓人覺得你愛比較、心胸狹隘，甚至破壞團隊氣氛。

重點是：公司自有薪酬策略，不是比誰待得比較久或比較努力。

②派系與人事流言

「我聽說她其實是老闆女朋友的閨密，才會升得這麼快。」

即使你覺得自己說的是「真話」，也會被當作挑撥分化的始作俑者。

這類話很容易流傳出去，最後都會「回到你頭上」。

③個人恩怨與抱怨語錄

「她總是搶功啊」、「他每次都把爛攤子丟給我」。

這種語氣會讓你從「被同情者」變成「情緒製造者」。

情緒可以找信任對象傾訴，但不應在公眾場合公開發表。

④敏感議題：政治、宗教、性別、價值觀

不管你立場多堅定、說法多有道理——這些話題一開，職場氣氛就容易分裂。

即便對方當下笑著點頭，內心可能已經默默將你列入「不合作名單」。

沉默不等於軟弱，是「穩定感」的展現

在職場裡，你能忍住不說的，往往比你說了什麼，更讓人安心。

沉默，是一種策略、一種態度、一種界線。

想讓別人信任你、願意交辦機密或合作任務，首先你要讓人覺得：「這個人嘴巴很緊、話不會亂說。」

遇到八卦，安靜就是最好的回答

有人問：「欸你知道以軒是不是快離職了？」

你只要說：「我不清楚耶，沒聽說。」——話題就能結束。

面對主管表達不滿，不要急著表態

即使你也很想吐槽：「對啊，這流程眞的超亂！」

你也可以改成這樣說：「或許之後我們可以想辦法來優化看看。」

這是「同理情緒，但不參與抱怨」。

如何說話得體，避免被當成「話太多的人」？

爲了避免前途被自己的嘴巴摧毀，開口講話前，一定要做到下面四件事情。

①留三秒再開口

聽別人說完，心裡默數三秒——有時話自己會在腦子裡過濾一次，不該說的就會自動消音。

②轉問句代替評論句

「我覺得這流程真的很怪」→「我們有沒有機會把流程再精簡一點？」

同樣的意思，感覺卻會差很多。

③控制自己每天「抱怨的次數」

每天下班前，檢視自己在辦公室說了幾句負面話。如果超過三句，就提醒自己隔天一定要「減量」。

④給觀點，不給評價

「我覺得這個做法風險高」≠「誰又做錯了」。

聚焦在「事」，別陷入對「人」的批評。

逢凶話吉TIPS

職場的話語權，不是靠「說得多」，而是靠「說得剛剛好」。

會說話的人，是讓人想聽你說話；不會說話的人，則是讓人「很想叫你閉嘴」。

懂得說話，能產生影響力；學會沉默，則是更高段的控制力。

09

潛規則不是明文規定，但能決定你的未來
——如何適應公司的遊戲規則

Q

新人小芸剛到職不久，每天都準時打卡、準點下班，做事細心負責，也不偷懶。

但她發現一件奇怪的事——最近她的主管好像越來越少交代事情給她；同梯的同事小林則經常被主管帶去會議室、還時不時跟經理一起去喝咖啡。

小芸心裡納悶：「我明明沒做錯什麼，為什麼被冷落？難道是因為我不加班？」

你怎麼看這個情況？

A. 公司只看表現，加不加班沒關係。

B. 小芸是對的，是主管不公平。

C. 這家公司可能有自己的潛規則，只是小芸沒有體認到。

A

如果你選的是C，恭喜你比小芸早一步醒過來。

所謂潛規則，是那些「沒寫出來，但大家都知道」的規則

職場上，除了員工手冊、工作流程表、KPI制度這些「顯性規則」，還有一套沒有明說、但默默在運作的潛規則。

你以為「只要把份內工作做好就好」；但現實是，「你怎麼做、何時做、對誰做」也會影響別人怎麼看你。

潛規則不一定違法，但它某種程度決定了你能不能往上走。它不是黑箱，而是一種文化；不是陷阱，而是一套「內行才懂」的社交密碼。

潛規則長什麼樣？以下是你最熟悉但沒說出口的日常

①誰可以加班、誰不必留下

有些人每天準時下班，還得到「時間管理大師」的美稱，有些人準時走，卻被主管批評是「對工作沒熱忱」。這當中的關鍵其實不是「時間」，而是主管認定你「有沒有把團隊一起顧到」的感覺。

②誰請假主管會說「你辛苦了」、誰請假會被認為「又偷懶了」

這往往跟你平時建立的「信任值」有關。如果你平常主動、配合度高，那麼請假就像是你偶爾需要休息的獎勵；但如果你總是「只做分內事」，那麼請假就會被貼上「不盡責」的標籤。

③誰講話大家點頭、誰講話大家低頭滑手機

你以爲這是運氣，其實這是地位。能不能被聽見，往往不是你講得好不好，而是你

在團隊中的「存在值」高不高。

④誰報告被挑毛病、誰報告大家直接鼓掌

不是內容差別很大，而是背後人際關係網絡的不同。這不是勾心鬥角，而是組織動態與權力關係下的自然反應。

潛規則不是陰謀論，而是文化的縮影

潛規則的存在，其實來自一個很人性的本能：人會依靠習慣與默契來判斷彼此的「同盟程度」。

你是跟我一國的，我就放你一馬；你是局外人，我就照章辦事。久而久之，一套「文化內建程式」就產生了。

潛規則不是壞東西，它有時是默契的表現，是組織文化的潤滑劑。你越快看懂，就越容易融入。

別傻傻踩雷：五個潛規則你一定要知道

不管你認不認同潛規則，要在「職場江湖」穩健行走，下面五個潛規則，你一定要知道也要做到。

①主管沒說的事，也要做

你做完自己的工作沒錯，但如果你不幫忙同事、不分擔，久了大家只會覺得你「只顧自己」。潛規則就是：團隊感比效率還重要。

②週五晚上十點主管在群組問你問題，你不能裝作沒看到

你可以說你不方便處理，但如果完全不讀不回，主管就會默默記錄你的「態度」，而且一次兩次三次，會「累進加成」扣分。潛規則就是：適時回覆訊息。

③有些人可以開玩笑，有些人不行

你說：「大家都在亂開玩笑，我也開一下有什麼關係？」錯！因爲輪不到你開。職場階級決定玩笑能不能成立，潛規則就是：地位越高的人，越能「被解讀爲沒惡意」。

④表現太突出的新人，可能會被內部抵制

有時不是主管不挺你，是你「太快亮眼」反而讓其他人不安——潛規則就是：學會適當「暖機期」，讓人覺得你值得信任。

⑤主管說「大家一起想想」，他其實已經有答案了

這不是開放討論，而是測試誰能「想出跟他一樣的答案」——潛規則就是：有些討論只是形式，重點是你表態得是不是合乎時宜。

面對潛規則，你可以這樣做

當然，面對職場上橫行的潛規則，你也不是非要委屈求全、照單全收不可。在收與放之間，你還是可以有聰明應對的空間的。

①觀察老員工的行為模式

誰常被主管表揚？誰總是被升遷？誰講話最有分量？觀察他們怎麼互動、怎麼回報、怎麼開玩笑，這些都是潛規則的「顯性呈現」。

②建立信任感，不等於拍馬屁

不是要你巴結誰，而是要你懂得「適時示弱、偶爾請教、偶爾補位」——這些會讓你變成團隊裡的潤滑劑，而不是異類。

③保有原則，但要有情商

你不需要爲了融入就完全違背價值觀。但你可以在不違背原則的情況下，學會沉默、懂得禮貌性表態、不急著唱反調。

④每週自我提問：我最近有觀察到新的潛規則嗎？

把職場當成「動態遊戲場」，你才不會僵在原地。規則雖然沒有寫在牆上，但在辦公室的空氣裡，你要學會嗅出那個味道才合格。

逢凶話吉TIPS

潛規則不是陷阱，是一套職場生存指南。如果看不懂，你可能永遠是局外人；讀懂它，你才有機會走進核心圈。

不違背原則，不代表你不能適應。真正聰明的人，是懂得用自己的方式「進去玩」，而不是只會站在一旁，猛抱怨規則不公平，卻什麼都做不了。

10

他伸出援手，不代表真心想幫你
——如何區分職場中的真心與陷阱

Q

同事之間，哪種幫忙最該謹慎接受？

A. 同事突然說願意幫你代班，但條件是不能告訴主管。

B. 有人主動借你資料，說：「照著改就好啦，應該沒問題。」

C. 同事提供資料，但也主動說：「這版本我們一起整理看看，等會我可以再陪你對一次。」

A

A、B都是高風險操作，真正的支援不怕主管知道、不怕被確認、不怕出事要補位。所以只有C是正解。

你以為對方在伸手，其實他是在鬆手

你剛進公司幾個月，某天主管突然要你獨自簡報一個跨部門提案。正在緊張之際，同部門的學長小高拍拍你的肩膀說：「放心啦，我之前做過類似的，我的簡報檔借你參考，你直接改內容就好，保證穩過。」

你感激不已，照著他的檔案修改，當天簡報也順利完成。但會後，副總當場指出：「這簡報裡很多邏輯和資料都是舊版本，跟目前策略已經不符了，怎麼會這樣？」

你啞口無言。再回頭看了一眼小高，他聳聳肩，只是淡淡地說：「蛤？我不知道你眞的會照著用耶……。」

這時你才意識到，你可能不是「被幫助」，而是「被示弱」，甚至被安排了一場漂亮的「自爆秀」。

在職場裡，不是所有伸出援手的人都是出於善意。

有些人幫你，是爲了觀察你怎麼跌倒；有些人主動支援，是因爲他不想背負責任，而想把風險轉嫁給你；甚至有人表面是替你出頭，實際上則是在設局，看你怎麼斷後。

這種「披著關心外衣的陷阱」，會讓你一不小心就在感激中掉入坑裡，輕則受傷，重則一蹶不振。

誰會假裝幫你，實際上可能讓你出事？

哪些會主動幫你的同事，反而是可能會讓你出狀況，必須格外小心的人呢？

①資深但總是無法升遷的同事

這類人表面風趣、樂於助人，實則早已對制度失望。看到你滿腔熱血，內心的OS就會是：「等你摔一跤，你就懂了。」

他們的幫忙，有時帶著「幸災樂禍」，有時則是故意要讓你「重蹈覆轍」，讓你知道「別再對公司抱持任何希望」。

②平常不怎麼理你，突然間又特別熱情

在你升遷前夕、主管關注你、有重要案子落到你頭上時，對方突然變得積極幫你、主動支援，甚至說：「你放心，有什麼事我都罩你。」

請小心：真正會罩你的人，平常就在旁邊；突然出現的「罩」，很多時候是「披著糖衣的毒藥」。

③表面挺你，私下卻散播你負面評價的人

他會說：「我覺得你很棒啊，只是那天那個報告……真的有點危險啊……。」

他幫你說話，但語氣裡藏了伏筆，讓你在主管心中立下「能力不穩」的印象。

這類人最擅長操作「溫和攻擊」，聽起來像幫你，其實已經幫你挖好陷阱。

如何判斷這個幫忙是「真心支援」還是「設局下套」？

以下是三個高辨識度的指標。

①對方是否願意「共同承擔責任」

真心幫你的人，不會只說：「你照我說的做就好啦！」他會說：「我再幫你check一次，萬一有問題我們一起修正。」

反之，那些只丟建議、卻不願幫你善後的人，十之八九是在推坑。

②幫忙背後是否「讓你更獨立」，還是「讓你更依賴」

真正的協助，是攜手教你如何釣魚，給你指引，但讓你學會自己完成；陷阱型的「幫忙」，會讓你完全照他的話做，失去判斷，然後背錯扛責。

③幫忙的時間點是否「合情合理」

突如其來的關心，往往與你最近的「曝光度」、「資源取得」、「升遷機會」呈現

「正相關」。此時出現的幫忙，很可能只是「人情交易」。

避免落入「假幫忙真陷阱」的三種自保技巧

爲了不讓自己吃虧、落入奸巧同事設計的陷阱，以下三種適度的自保動作是絕對必要的。

①接受幫忙之前，先多問兩句

「你之前做這案子時，主管對哪部分最在意？」

「你提供的那個版本是最新的嗎？我怕我們理解有落差。」

「你建議我這樣講，那你覺得對方可能會有什麼反應？」

這些提問能幫你拆解對方的「動機」，也能爲自己建立備案。

②所有幫忙，都要「留下紀錄」

不管是信件、訊息、工作紀錄，只要你根據對方指示做事，就必須「寫下來」，避免最後對方「否認連環攻擊」。

例如以「感謝對方」爲名，發一個訊息留下紀錄：「謝謝你剛才建議我，把簡報順序調整成由市場↓數據↓策略，我再微調一下。」

這不只是防備，更是一種讓對方「自我審查」的策略。

③把風險攤在陽光下

與其私下默默吃下所有不確定，寧可公開請主管確認。

例如：「這個方向我本來也有點拿不準，小高前輩建議我改成這樣，我也覺得有道理，但想聽聽主管您這邊的看法？」

這句話的潛在意思是：**我有判斷，我有參考，但主管你才是定調者。**

這樣說，既不甩鍋，也不扛錯。

逢凶話吉TIPS

職場的善意，有時候是糖衣，有時候是圈套。你要能感謝對方的幫忙，也要有能力辨別：「他這個動作，是要拉我上來，還是推我下去？」

別害怕懷疑，怕的是盲目的信任。

真正成熟的職場工作者，不會錯過真心前來幫助的同事，但也不會輕易掉入虛偽的人情陷阱。

11

你說了很多，但沒人當一回事
——如何讓發言變得有分量

Q

部門專案評估會議上，主管說：「目前有三個提案，請大家給點意見。」這時你心中其實有偏好，覺得B案比較適合，但又怕被反駁，也怕講太多沒人理你。

以下四種說法，你會選哪一種來表達你的意見？

A.「我覺得B案不錯啦，不過A也可以，C其實也滿有特色的……。」

B.「B案很好，我支持這個。」

C.「我建議我們選擇B案，原因有三點：一、資源最匹配，二、時程控制最好，三、有成功案例可借鏡。」

D.「其實我也沒什麼特別的想法，大家覺得好就好。」

A 你會說哪一句？比較好的參考答案是：C。為什麼？請繼續看下去！

說話不是比長度，而是比重量

部門會議上，你提出一個新方案，侃侃而談十多分鐘，自認講得頭頭是道，連簡報都準備了五頁。

說完後，現場安靜了幾秒，主管點點頭：「好，這個案子大家再想想。」然後話題就轉到別的案子上。

你回到座位時，心裡有點委屈：「我不是講得滿完整的嗎？爲什麼沒人接話？沒人表態？難道是我的提案不夠好？還是我在大家心目中，根本沒有存在感？」

這樣的情況，你是否也曾經遇到？

在職場裡，發言不是拚誰講得多、聲音大、句子長，而是誰能一句話讓人「聽得下去、記得起來、願意採納」。

你說了十分鐘，結果一句都沒人記得；別人說了一句：「這會不會太冒險？」就讓主管收回成命。這不是因爲你不夠努力，而是你還沒掌握**「讓發言有分量」的三個關鍵元素：時機、邏輯、立場**。

職場會議上三種「最沒分量」的說話方式

讓我們先來拆解你可能不小心掉進的陷阱。

①話太多、重點太少

你想講完整，結果變成「沒有刪減的腦內OS」，對方才聽到一半，腦子就開始神遊……。

提醒：職場不是演講場，沒有人有義務聽你鋪陳五分鐘才進主題。

②邏輯鬆散、缺乏結論

你說：「我覺得A方案也許不錯，但B也可以，C聽說別人用過，但我沒有試過……。」——聽完只會讓人覺得：「你對自己的方案都沒有定見，要我們如何支持？」

提醒：沒有立場的發言，主管只會覺得你是在「發表感想」，而不是「提出建議」。

③重複他人說過的話

「我也認爲剛才小林說得有道理。」——那你就等於沒說話。

提醒：複誦沒有貢獻，主管只會記得原創那一位。

讓發言有分量的三個技巧

①運用PREP法

以結構化的方式進行表達。在表達時先講結論（Point），再依序給出理由（Reason）、舉例說明（Example），最後再次重申論點（Point）。如果你能按照這四個順序說明，就能讓聽你說話的人，快速掌握你想傳達的論點。

範例：

「我建議這個產品延後發表（P），因爲目前市場氣氛對我們不利（R），就像之前X品牌就是因爲提前推而被市場冷處理（E），所以我覺得時機很重要，我們應該等一波聲量（P）。」

這樣的發言架構清楚、有理由、有案例、有重申，**即使你只講一分鐘，也能成爲關鍵聲音**。

②調整說話的「落點」而不是「篇幅」

與其追求講得完整，不如先拋出一個明確觀點，讓主管接得住。

範例：

「我直接講結論——我們這次應該轉做B案，雖然風險高，但回報會更大，理由我歸納了三點。」

你光說這一句，主管就會停下來聽你說是哪三點。

③給主管「選擇感」，而不是「挑戰感」

不要一上來就說：「我覺得你那樣不對。」

而是：「有個方向我想補充看看，也許可以當成另一種選項。」

讓主管覺得你在「協助他做判斷」，而不是在「跟他對槓」，才有可能讓你的話「進入決策圈」。

如何讓主管聽見你？關鍵不只在內容，而在策略

「你想說的」和「他想聽的」，有交集嗎？

會議中，主管的專注力是有限的，他們會選擇性聽「有價值、能解決問題、能幫他做決策」的聲音。

你想證明你有想法，他想知道下一步怎麼做；你想展示過程，他想看到結果。

所以，不是你不被重視，而是你說的東西「對方現在不需要」。

建議說話前，先問自己一句：「這句話能幫助主管做決定嗎？」

堅持或退讓：說話的時機感來自判斷力

不是每一場會議都該據理力爭，也不是每一次沉默都叫作明哲保身。

該堅持的時候

- 你掌握關鍵資訊。
- 你要有實證支撐。
- 對方做出錯誤決定會牽連你（例如把風險推給你處理）。

該退讓的時候

- 對方已明確表態不採納。
- 再講下去只會讓你顯得「固執」。
- 你提出的意見目前只是「nice to have」而非「need to have」。

「堅持」不是爲了爭輸贏，「退讓」也不是軟弱的表現，而是你看得出來——現在不是適合說服的時機。

發言升級小練習：會議發言自我檢查表

問自己三個問題，再開口。

1.這句話能幫大家理解問題嗎？（有沒有資訊價值）

2.這句話能推動決策往前嗎？（有沒有建設性）

3.這句話如果不說，會不會影響什麼？（有沒有必要性）

如果三題都答「是」，那麼你不只是「說話的人」，而是「引導討論的人」。

逢凶話吉TIPS

你講的話，只有在能「引起注意、產生價值、幫助決策」時，才會有分量。

說話不是為了讓人覺得你有存在感，而是要讓人覺得：「這個人講話，值得聽。」

12

功勞全被搶走，你卻無話可說
——如何避免出現「隱形貢獻」

Q

以下哪一種方式最能「讓功勞落在你身上」？

A. 專案結束後在群組發訊息：「這次大家辛苦了，希望下次我能多說一點話。」

B. 在提案進行中每週更新進度，並記得署名你的貢獻項目。

C. 等主管稱讚後再私下說：「其實我那時候也有幫忙。」

A

正解是B。這樣持續而自然的曝光，才是最有效的「有溫度地說自己做了什麼」。

在職場，沒有人會替你「說你做了什麼」

你花了三個週末，終於思考、設計出一套行銷策略；會議前一天，你把資料交給主管，對方說：「不錯，讓我來幫你精簡一下。」

隔天的簡報會上，主管全程主講，台下的高層頻頻點頭稱讚說：「這次的方向抓得很好。」

你坐在旁邊，微笑鼓掌，心裡默默想：「不是說好是我主講的嗎？我什麼時候成了旁觀者？」

會後同事還拍拍你說：「剛剛那方案你應該也有幫忙吧？」

這一刻，你不只覺得自己「功勞被搶」，甚至根本就是「成了路人甲」。

你以爲只要把事情做好、努力貢獻、專注執行，別人自然會看見。

但職場不是童話故事，不是你努力別人就會記得。

如果你沒有適時讓貢獻「被看見」，那麼你做得再多，都只是一個**沉默的生產者**，最後被貼上的是：「他很努力，但沒有什麼代表作。」

為什麼有些人總能「無痛收割」別人的成就？

你有沒有遇過下面這些讓你很「嘔」的情境？

他「幫你包裝成果」的同時，也順勢把名字寫上了封面

主管說：「我幫你整理一下資料。」哪怕只是改了幾個字，最後的簡報內容、架構、表述方式都沒有變，只要最後上台的表達者是他，一切可能就被他「整碗捧去」，變成「主管的版本」，而你，充其量只是個「協助者」。

他懂得「提前曝光」自己的參與

你還在趕報告，他已經在部門會議上說：「這次我們在設計行銷邏輯時，我建議從用戶端出發……。」

雖然那句「我們」包含你，但**大家只會記得誰「說」了這個方向**。

他利用階級或關係自動「吸光」

在某些文化裡，主管說出來的話被視爲決策，底下人的努力就變成「應該的支援」；你若沒主動發聲，功勞就自然落入「有話語權」的那一方。

你的貢獻為什麼會變「隱形」？

有些人不是被搶功，而是「自己沒留下證據」或「錯過了呈現時機」。

你總是太低調

如果你覺得主動說「我做了什麼」很像在邀功，結果就會變成整個案子做完，也沒人知道你有多努力、貢獻了多少在案子當中。

你沒有留下痕跡

口頭報告完就算了，沒有寄信追蹤、沒有留下文字紀錄，就會讓你的功勞「無法追本溯源」。

你過度信任制度

你以爲在績效考核時，主管會一一記得誰貢獻了什麼，但主管看到的，其實只會是誰在關鍵時刻「出現在第一線」。

讓貢獻「被看見」，不是邀功，而是建立可見度

以下是你可以主動操作、又不惹人厭的三個技巧。

①階段性彙報，而非完成後才說

與其等專案完成才報告，不如在進行中就階段性地透過信件、小組更新會議、群組簡訊等方式，主動簡報案子的進度。

例如：「目前行銷企畫初步完成，預計週五定稿，我會先針對主視覺與副標做兩版比較，預計今天晚點寄出。」

這種「持續發聲」會讓別人知道，你是案子的主導者。

②留下紀錄，每一份你動手的資料，都該掛名

報表、簡報、提案、會議紀錄，只要你參與，就留下痕跡；這不是爲了搶功，而是爲了避免別人忘記「誰眞的參與了案子」。

信件標題範例：「RE：關於市場策略建議（草案 by 小王／圖像設計 by 小林）」

類似這樣的標示，是合作的表徵，也是一種「提示」與「宣示」。

③讓主管知道你不只是「執行者」

你可以在一對一會議時說：「這次的數據整理，我嘗試用另一種視覺方式，希望讓簡報邏輯更清楚。」

或者說：「當時那段腳本是我臨時加進去的，結果反而成爲主軸，我覺得效果滿好的耶。」

這不是邀功，是讓主管知道——這是你做的，而且一邊做，一邊還有觀察、有判斷、有修正。

什麼時候該揭穿？什麼時候該裝作沒發現？

當你的貢獻被他人「據爲己有」時，最怕的是產生情緒性反應（如公開抗議、發文影射）。

該揭穿的時候

- 對方公然抹去你的貢獻，甚至扭曲事實時。
- 你即將被當成失誤者、被記錄爲「沒參與」時。

應對方式：用「補充性說法」保留風度。例如：「那段內容我原本準備的版本是X，後來小林幫我調整成Y，這部分由我們一起優化。」

該裝作沒發現的時候

・對方只是「附和你的提案」，但搶走光芒時。

・主管其實知道你有參與，只是沒在公開場合上特別提時。

此時與其爭風頭，不如把氣力留在**讓下一次貢獻「更清晰地屬於你」**。

逢凶話吉TIPS

你做了沒人知道，不等於你沒做；但職場不是算命，主管不會憑感覺當會計幫你記帳。

學會讓自己的貢獻被看見，不是邀功，而是為了讓努力「不被遺忘」。

你可以謙虛，但不要隱形；你可以低調，但不能無聲。

13

主管說錯話，該不該當場糾正？——如何平衡專業與職場生存

Q

部門簡報中，主管在台上說：「這次的合作對象是韓國的ABC集團，他們在物流方面發展得非常成熟。」

你一聽心想：「不對啊，是XYZ集團才對，ABC早就結束合作了。」

這時候你該怎麼做？

A.「主管，不是ABC啦，是XYZ。」

B.「這部分我剛好有另一組資訊，等一下再補充給您看看。」

C. 保持沉默，會後再私下提醒主管。

正解是B。這樣說同時具備禮貌、補位、緩衝語氣，不刺人又有內容。

職場不是辯論場，糾正別人要看「角色」與「風險」

你說的是對的，不代表你能「怎麼說都對」。

尤其當對象是主管時，你必須考慮的不是「我要不要講」，而是：

什麼時候講？怎麼講？講出來能達到什麼效果？

因爲在職場裡，糾正別人的錯誤，不只在比專業，還在比智慧與情商。

什麼情況下你應該「當場提醒」？

不是每一次主管說錯都要等會後，有些狀況「即時補救」反而能展現你的專業價值。

建議當場提醒的三種情境如下。

①錯誤資訊會直接影響決策或對外形象

像是要發文的客戶名稱弄錯、數據錯誤、法律條文誤用……這種錯誤若流出，後果嚴重。

例如：「報告副總，這組數據可能是去年第四季的，我記得本季報表已更新過，我手上也有，等會補上來。」

②你跟主管關係夠熟，彼此有默契

有些主管會私下先跟你說：「我如果講錯要提醒我喔。」這時的提醒不僅無害，相反地還會顯得你細心可靠。

③你可以用「補充」而非「糾正」的方式說出來

別說主管「錯了」，而是說「我來補充一個可能的版本」或者「有沒有這樣描述的可能性……。」讓主管有台階下。

什麼時候應該「會後提醒」？

很多情況下，「等一下再說」比「馬上說」來得更保險。因爲主管的面子，也是一種職場氣候。

適合會後提醒的三種情況如下。

①錯誤不影響大局，只是細節或順序有誤

如果是這種情況，當場講出來只是尷尬或打斷氣氛，意義就不大，事後再補正就可以了。

②會議當時氣氛緊繃，主管情緒明顯不佳

這時糾正等於火上加油。就算你是對的，氣氛不對也會讓對的變錯的。

③當場提醒會讓主管面子掛不住或失去威信

尤其在外部簡報或跨部門會議時，要小心主管「被挑戰」的感受。

你可以改為事後說：「剛剛那部分我回頭查了一下，也許還有另一個版本，我整理給您參考。」

話術升級：用「詢問」代替「指正」

糾正主管最好的方式，是讓他**以爲是他自己修正的**。這不是技巧，是職場的「自保邏輯」。

以下是你可以參考的說法。

當場發言版（補救式）

「剛剛主管提到ABC集團，我想補充一下，我上週看到一個新版本資料是XYZ集團，這可能是我們之後要確認的點。」

你沒有說他錯，你只是「提出另一份資訊」，又順勢把後續任務拉回來。

會後提醒版（私下版）

「主管，我剛剛回想了一下，合作好像是XYZ集團，不確定我有沒有記錯，想先跟您說一聲，怕之後資訊流出去會有落差。」

你先質疑自己、再提出資訊，主管更容易接受，還可能覺得你「幫他擋了一顆子彈」。

提醒不是挑釁，是展現價值的契機

適度提醒主管，讓他避免在更高層或對外發言時出糗，是「補位型員工」才會做的事。

站在主管的角度，他們往往不是怕被糾錯，而是怕錯誤被放大。所以，如果你能幫他「修正得體面」，反而會被視爲可靠的夥伴。成熟的職場人，不是用糾正證明自己聰明，而是用提醒展現你是「幫他守住局面」的人。

逢凶話吉TIPS

不是不能糾正主管，而是要「用正確的方式，在對的時間說出對的話」。懂得補救，而不讓人難堪，是最高段的溝通。真正的影響力，不是你能指出幾次錯，而是你能在修正錯誤的同時，讓主管全身而退，整個場子局面更穩。

14

資訊封鎖，讓你變成局外人——如何確保自己掌握關鍵情報

Q

長官發出的內部信件，下列哪一個回覆，會讓他日後持續寄副本給你？

A.「OK，知道了。」

B.「收到，時間點我會幫忙盯一下。」

C.「我這邊沒什麼意見，你們決定就好。」

A

答案是B。這樣說讓人感到有責任心、參與和信賴感，是「讓你繼續在圈內」的最好做法。

資訊決定話語權，而你正在從「知情者」變成「路人」

一早的會議上，主管說：「上週行銷部已經討論，決定新的折扣方案採『雙週滾動制』。」

你當場愣住：「什麼時候有這個討論？我不是這案子的負責人嗎？怎麼連我都不知道？」

你偷偷傳訊息問同事。他說：「哦，上禮拜小組有開一場臨時會啦，可能你沒被通知到……。」

你一邊傳訊息回答著「喔」，一邊在心裡冒汗：什麼時候，我已經從核心成員，變成「需要補充通知」的那種人了？

在職場裡，**資訊掌握程度＝你的影響力和參與度**。

當你越來越常聽到「已決定」、「已討論過」、「上次有開小會」這種句子時，其實不是你「剛好沒被通知」，而是你已經默默從核心圈被排除。

資訊不是靠等待，而是靠你怎麼讓人「願意」讓你知道。

為什麼你開始收不到資訊？你可能做錯了什麼？

話說回來，當你越來越收不到原本「應該知道」的資訊時，除了埋怨別人，其實你也需要回過頭來自我檢討檢討，背後的關鍵原因是什麼？

你被當成「不需要知道的人」

你常表現出「無所謂」、「照辦就好」的態度，久而久之大家覺得不用先告訴你，等事情定案再通知你就好。

你常錯過關鍵時機回覆／回應

人家發信時你晚一天才回，或者回得冷淡、只回「OK」，這會讓對方覺得：「好像沒必要吵你。」

你不是不重要，但你「不主動」

你做得很好，但都悶著頭做。久了大家也忘了你原本就是這個專案的關鍵角色，所以也就會「忘了」要通知你。

打造「讓人願意CC你」的職場人設

要讓自己「被重視」，不能靠請求，而是要靠「形象建構」。你要讓別人覺得：「把你放進收信名單，這封信會變得更安全、更完整、更值得主管信任。」

以下是你可以使用的「信賴句型」＋「日常行為」的組合。

信賴句型1：「我會幫忙補上整理，讓主管看得更清楚一點。」

讓對方知道：有你在，專案內容的品質會提升。

信賴句型2：「我會記得把關時間點，提醒大家提早準備。」

當你扮演的是「提醒型角色」時，會讓人感到安心。

信賴句型3：「之後這個資訊我也一起記錄在系統裡，免得日後找不到。」

如果你是「資訊整合型角色」，則是主管最愛的幕僚。

當你在回覆、溝通中展現這些特質，大家自然會樂於把你加入下一次的信件名單中。

建立你的「個人情報網」：不等被通知，而是主動建構資訊管道

以下三個動作，能幫助你成爲「情報自來水」，不用再等別人幫你「開水龍頭」。

①定期跟專案關鍵角色聊天（不談八卦，談進度）

每週主動問問：「最近ＸＸ案推進得怎麼樣？」、「那個新流程已經確認了嗎？」久而久之，你就是那個「有更新就會被主動講一下」的人。

②在部門／專案群組中保持適度互動

不要潛水潛到大家都以為你退群了。偶爾「補充資訊」、「統整討論」一下，都是可以幫你加分、刷存在感的。

③主動寄出「補充型／整理型信件」

例如：「針對今天會議，我補一版討論紀錄＋三項未定事項，方便後續追蹤。」這種信件一出，下次的信件，大家就會習慣性地再次「CC你」。

當主管還沒注意到時，你可以這樣「向上管理」

主管不是故意冷落你，他可能也不知道你已經「落隊」。這時候，你可以運用下列兩項技巧，「先補位，再補聲音」。

①私下補位式報告

「主管，上次XX案我沒參與到那天的臨時會議，但我有跟阿信和小吳聊過，大致了解目前進度，這邊我補一個觀察角度給您參考。」

你不是抱怨「沒被找」，而是主動彌補落差，讓主管知道：**你有發現問題，但你也有解法**。

②建立「公開資訊預告機制」

例如建立共編文件、開放式待辦清單、定期回報Email，有意識地讓資訊變透明——這會讓主管覺得你在幫他「整合部門資訊流」，而非「爭取曝光」。

逢凶話吉TIPS

資訊是權力，而不是恩賜；你想成為核心，就要讓別人覺得把你放進去「更穩」——也就是「有你，真好」的感覺。

不是去拜託別人通知你，而是用實力和態度，讓人主動想把你納入討論圈。

你不必喊話讓自己被看見，你要做的是——讓自己無法被忽略。

15

他們總是一起行動，但你總是被排除
——如何加入職場小團體

Q

今天同事間的「飢餓三人組」又一起去吃午餐，還在群組裡傳美食照。你站起來作勢伸個懶腰，順口（其實是刻意）問：「你們剛剛去哪吃？」其中一個同事說：「哦～～我們剛剛隨便吃一吃，臨時約的啦。」語氣故作輕鬆，但沒人問你要不要下次一起去。

如果你想參與，哪一句話最能「潛移默化地靠近小圈圈」？

A.「欸，你們怎麼每次都不約我啊？」

B.「你們剛剛提到那間店，我看過評價很高耶～～下次我也想試試！」

C.「算了啦，我也不太會聊那些話題。」

A 正解是B。這樣說不是要求參與，而是表達好奇與靠近的意願，讓對方有機會主動接納你。

職場裡的小圈圈，不只是交情，還代表資訊與影響力

別以爲這只是簡單的「誰跟誰比較合得來」而已。在職場上，「非正式小團體」是資訊流通、情緒支援、合作默契的重要通道。

你不在這樣的小團體裡面，就可能會錯過：

・許多「會議前的預先討論」。

・了解「談話關鍵字眼背後的眞意」。

・部分機會分配的可能性。

這無關你有沒有能力，只是確認你並「不在話題中心」。

但請放心，你不需要「改變自己」才能被接受。你只需要理解小團體的運作邏輯，就可以找到自己的位置。

職場小團體的三大潛規則

小團體的運作邏輯，到底是什麼？直白分析，至少有以下三個角度：

①「我熟，我就先講」＝資訊分配的主動權

小圈圈裡的人，會自然地互通訊息、彼此預告、事先交換意見。你沒在裡面，就只能「被通知」，而不是「一起討論」。

②「有我，有你，才算我們」＝情緒互惠與結盟文化

團體裡會保護彼此，也會微妙地「對外界有點防備」。這不是排擠，是人類本能的社交結盟。

③「我們自己人，事情比較好講」＝信任與默契比專業先決

無論你再怎麼優秀，小團體的同事們如果「不夠熟悉你」，就不會有充足的信任，自然不會把你納入「有事先問」的名單中。

想加入，但不想迎合：怎麼做得自然不突兀？

你不需要硬擠進去，更不必強行表現「我很好聊」。你可以用這三種方式，讓小團體「自然接受你」而非「忍耐你」。

①用「專業」卡位，而不是靠「哈啦」搏感情

別急著講笑話或找共同興趣，先在工作上釋放出你的價值。

例如：

・「這週的提案我有另外整理一版，我寄給你們參考一下喔。」

・「你們剛剛講到那個活動，我之前曾經跑過，我整理一些照片跟數據給你們看看。」

團體會本能性地去接納「有用、會補位」的人，尤其是有實力卻不搶功的那種。

②透過「非正面打擾法」，建立互動節奏

與其說「下次可以約我嗎？」這種略顯尷尬的話，不如善用「共事→閒聊→習慣」的節奏。

例如你可以這樣說：「欸，這提案你是怎麼抓時間軸的？滿流暢的耶。」→「等等開完會你們會去吃飯嗎？有推薦的餐廳嗎？」→「不然下次如果有機會，我也可以跟著去吃吃看～～」

這不是硬邀自己入圈，而是讓對方知道：**你願意靠近，但不強求**。

③製造「一次小合作」，建立連結起點

你可以主動提議做一份資料整理、辦個小組慶生、整理一下檔案命名系統……。

這些不太花時間的小行動，會讓你從「位處邊緣的觀察者」直接晉升「團體互動群的成員」。

如果你選擇不加入，那也完全沒關係

有些人喜歡團體、有些人偏愛獨立。你不需要強迫自己進圈，但你需要：維持好人際溫度，讓人覺得你雖不在圈內，但親切、好合作、沒距離感，其方法有三。

①保持「工作上的參與感」

定期發聲、有建設性的回饋、準時更新，讓大家知道你不是孤島，而是**清楚自己的角色並願意對接的人**。

②釋放「有事可以找我」的訊號

不要等人開口，有時可以主動說：「這部分我也可以幫忙整理一下，讓你們快一點下班。」

這種無壓力的支援感，會讓團體成員自然開始納入你。

③建立自己的「交叉連結圈」

與不同團隊、不同性格的人各自建立連結，形成一種「多點信任網」，能讓你雖然不屬於某一個小圈圈，卻沒有人會遺忘你。

逢凶話吉TIPS

小圈圈不是問題，關鍵是你想不想加入、要怎麼加入。

別急著改變自己，而是讓別人知道：**你不是來求認同的，你是來幫大家加分的。**

你可以選擇進圈，也可以選擇優雅地不進圈。

但無論如何，請記得：**你的人際價值，從來不是靠「湊熱鬧」形成的，而是靠「讓別人覺得你值得靠近」而產生。**

16 怎麼拒絕聚餐，但不會成為團隊邊緣人

——溫柔拒絕的職場說話術

Q

週五下午，部門同事在群組裡提問：「今天下班一起去吃個火鍋吧？慶祝案子結束～～」

訊息一跳出來，其他人很快接龍：「好啊！」、「我可以～～」、「YA～火鍋+1」

你拿著手機，盯著訊息框，心裡想：「我真的不想去耶……這禮拜太累了，想回家……但如果不去，會不會感覺很難相處？」

以下哪句話最能讓你不出席又保有團隊感？

A.「我不喜歡人多的場合，你們玩吧。」

B.「今天我不方便出席，但下次我來主揪，我負責選一家高評價的餐廳！」

C.「你們應該也沒差我一個吧？」

A

正解是B，這樣說保有溫度、誠意十足，而且還留下自己參與的可能性與價值感。

拒絕聚餐不是錯，但「怎麼說」會影響人際形象

在職場裡，「聚餐」常常不只是吃飯，還是一種：

・建立關係的默契場域。
・展現「好相處」的場景。
・團隊向心力的象徵。

你一次不去，沒人說什麼；兩次沒去，可能被當成特立獨行；但如果三次都說「你們去就好」，對不起，你很可能就會「真的被當成不想參加的人」。

但你也不可能每次都勉強出席，畢竟你有自己的生活、有界線、有身體健康要顧。

所以，關鍵不是「去不去」，而是你要怎麼拒絕，拒絕後有沒有保持好適當的連結。

錯誤的拒絕方式，會讓你默默被劃邊

的確，拒絕是有分對錯的，如果你拒絕的用字遣詞錯了，你在同事之間尷尬的程度，絕對會足以讓你想找個洞鑽進去喔！像是下列三項常見的回應。

①「我不喜歡這種場合。」

直接挑氣氛毛病，等於告訴大家：「我不喜歡跟你們在一起。」即使你說的是「場合」不是「人」，聽起來也像是在跟大夥兒拉開距離。

②「你們吃你們的，我有事。」

這句話會讓人覺得你不想參與團體，甚至覺得自己「被你排除了」。

③完全不解釋、不參與話題

只回一句「不了」，然後整個群組都沒你聲音。久了之後，大家就眞的會把你從參與名單中「除名」。

想拒絕聚餐？請使用「三段式好感說話術」

有時候我們眞的無法參加同事的聚餐，但又擔心直接拒絕會顯得不合群。這時候，不妨運用這個讓人聽了也舒服的說話技巧，既能婉拒又不失禮貌，也保有團隊參與感。

「三段式好感說話術」具體做法如下：

1.難以拒絕的理由（說明你不是故意不參加，而是眞的有難處）。

2.替代承諾（提出另一種補償方式，例如改天請飲料或午餐）。

3.保持熱情參與感（表達你對大家聚餐的支持與關心，例如：「幫我多拍幾張照片喔！」）。

話術1（生活型理由）

「今天要接小孩放學（或家中長輩身體不太舒服）眞的走不開耶（殘念）～～不然我超想去那家火鍋的！下次一定補一攤！」

．表示非不得已

．預約下一次

．保有熱情

話術2（健康或自律型）

「我最近在飲食控制＋晚上盡量不外食……但你們要是選下週中午聚餐，我一定參加喔！」

．顯示自律。

．不否定聚餐本身。

．提出替代方案。

話術3（工作型）

「今天手邊還有點東西要弄（覺得無奈），不敢鬆懈……你們放鬆一下，我等你們的照片開箱喔！」

- 給對方祝福。
- 參與感不缺席。
- 看起來仍是團隊一分子。

維持人際溫度的三個方法

如果真的不想參加，又不想失禮，下面三個方法可以學起來。

①拒絕聚餐不等於拒絕互動

你可以不去，但請在群組裡回應幾句：「這間評價很好欸～～你們點起來！」、「等等拍肉盤給我聞香一下喔！」

這種「遠端參與感」，會讓你**留在大家的話題圈裡**。

②不參加也可以「貢獻」

可以幫忙訂位、提醒優惠，或之後送上點心、飲料說：「聽說你們上次聚會很開心，這小點心就當我補參一咖啦～～」

人情流動，不一定非要到場不可。

③拒絕頻率要控制

你可以挑聚餐「只參加1／2次」，讓大家知道你不是永遠缺席，而是會挑適合時機參與。這樣你就會被視爲是「有界線但不冷漠」的人。

逢凶話吉TIPS

拒絕不是問題，「冷掉」才是問題。

你有權選擇不參與，但你也有責任維持人際的溫度與連結。

真正成熟的你，懂得**優雅地說不**、**誠懇地補位**、**聰明地留名**。

你要讓大家知道你不是不好相處，而是懂得為自己的生活「設限」，但也知道怎麼樣讓關係「保溫」，甚至「加溫」。

PART 2

把話說好，讓人喜歡與你合作

說話的技巧，
決定了你在職場的影響力與人際關係。

17

主管問有沒有問題，他真正想聽的不是你的答案——如何正確回應

Q

又到了每週一上午的部門會議。當主管簡報結束，說：「今天就報告到這裡，各位有沒有問題？」這時全場一片寂靜。你想了一下，舉手說：

「協理，剛剛您提到七月的目標數字是上調15%，但其實第二季我們才剛補回虧損，不知道這樣的估算，是不是有一點過於樂觀？」

主管微微皺眉，回應說：「這是公司訂的KPI，我們就先照流程走吧。」

氣氛瞬間有點尷尬……。

當主管問「有沒有問題？」到底該怎麼選擇比較好？

A.「這數字太不合理了，我們去年都做不到。」

B.「我這邊沒問題，但我想補充一個潛在風險給團隊參考。」

C.「這跟我沒關係，我先不發言。」

A

正解B。這樣說顧及場面，也展現專業，還兼顧提醒風險。

主管問「有沒有問題」，不一定真的要聽「問題」

「有沒有問題」這句話在職場上，是一種形式話語，也是一種潛規則的提示：你現在有機會表態，但請看場合、看語氣、看對象。

這不是說主管都不能被質疑，而是你得**知道他問的，是「方便發問」的時機，還是「希望閉嘴」的提醒**。

說白一點，當主管問：「有問題嗎？」有時只是另一種「我們可以結束了吧？」的「換句話說」而已。

拆解主管的「問話潛台詞」

主管真的想聽問題的情境

- 專案初期：需要集思廣益、補足盲點。
- 主管心情穩、表達語氣真誠。
- 他主動表示：「有不同看法的可以講一下」或「我不會介意，有意見請直說」。

主管不想聽你反駁的情境

- 專案已拍板、KPI已核定：「這個目標是上級給的，我們先往前推。」
- 他問得很快、語氣敷衍：「沒問題我們就這樣啦～～」
- 他環視大家三秒，沒人講就默默收尾：**我不是在等待你們提問題，而是在等你們閉嘴。**

如何辨識：你該舉手發問，還是保持安靜？

狀況	是否舉手	該怎麼做
主管剛提完出不合理的KPI，但語氣明快地做結尾	×	會後私下提問／補發信詢問
提案簡報剛開始，主管就問：「有沒有問題？」	○	可詢問釐清方向，展現參與
會議討論卡關，主管邀請提出意見	○	可補充觀點，協助推進
時間超時、主管開始收東西	×	再好的問題都會變成「添亂」

發問，也是一種展現「你值不值得被聽」的說話力

不是所有的問題都該問出來。**你要問得讓主管覺得你是「想解決問題」，而不是想要「找主管麻煩」或「製造更多問題」**。

以下是三種「讓你聽起來專業」的提問方式。

①請教型提問

「我想確認一下剛剛提到的成長目標，未來會搭配哪幾項資源策略？我怕我們在執行上會落差。」

↓給主管面子、也間接指出現實困難。

②轉向型提問

「以目前的方向爲主，我們在行銷端需要配合的重點是不是放在B案？我們想先確認，好配合辦理。」

↓把問題轉化爲「對焦任務」，主管反而感謝你「幫他把話說清楚」。

③**提問式補充**

「這份簡報架構很清楚，我想確認的是，如果外部客戶對於價格策略有疑問，我們是否可以預備版本B來對應？」

↓問得有備案、有脈絡、有貢獻。

什麼時候該等會後再問？

有時候，問題並不是不能問，只是要「換個舞台、換個方式」問。

①**會後私下詢問**

「主管，我剛剛沒在會議上說，是怕太多問題影響進度。不過有幾點我這邊補充一下……。」

↓表達體貼、又展現責任感。

②用 Email 或共編紀錄追問

「針對今天會議中提到的策略方向，我這邊有幾點技術上的疑問，彙整如下，提供大家參考與釐清。」

→替主管節省思考時間，讓他覺得你不是在挑毛病，而是在補位。

逢凶話吉TIPS

「有沒有問題」不只是句問話，也是主管在測試你有沒有判斷力。

會說話的人，懂得分辨：什麼話該現在說？什麼話應該要等會後再補充？什麼話用問的方式說，才有力又有禮？

你的沉默，不一定是膽小；你的發言，也不一定是勇敢。

真正厲害的人，是能讓主管**覺得你是能「幫他解決問題的人」而不是「把問題丟回來的人」**。

18

當他說「不用太認真」，其實是在測試你
——如何聽懂主管的真意

Q

你加班整理了一整週的提案，週五下午交件時，主管看了一眼說：「哦～～不用太認真啦，這案子沒那麼重要，你有心就好。」

這種時候，你怎麼回應比較聰明？

A.「太好了，那我就做個大概，其他我不處理了。」

B.「了解，我會處理重點，其他就不多花時間，不耽誤進度。」

C.「我不太懂您說的『不用太認真』是指什麼？」

A

正解是B，這樣說讓主管放心，又能保有你的專業度。因為A太鬆，C太挑戰權威，只有B是高段位自我拿捏。

「不用太認真」的潛台詞，往往是：我在看你怎麼判斷

延續前面的案例，當老闆跟你說「不用太認眞」之後，你心想：「欸？那我是不是做太多了？」所以週末的修圖就隨便處理一下，簡報格式也沒再校對，沒想到週一早上會議一開場，主管就皺眉說：「這圖片怎麼解析度這麼低？這麼重要的提案你怎麼搞得像是隨便做出來的？」

你錯愕：「不是你說……不用太認眞嗎？」

主管回：「我說不用太認眞，不是叫你不專業。」

此刻你才懂——他要的不是你聽話，是你**自己要知道哪裡還是要撐住**。

職場中，主管口中的「不用太認眞」，多數時候不是對你放水，而是在試探：

- 你能不能抓到事情的眞正輕重？
- 你會不會自動砍掉品質標準？
- 你是「只照著指令做」，還是有判斷力的專業人才？

這句話最可怕的地方是：

如果你做得太鬆，他覺得你不夠敬業；如果你太認眞，他又可能覺得你不懂輕重。

但如果你拿捏得剛剛好，他就會記住你很可靠。

「不用太認眞」背後的三種隱藏訊號

對於主管說的「不用太認眞」，你其實應該要很認眞去理解其中的意思。

① 測試你有沒有分辨力

主管想看你是否知道**什麼地方可以省事、什麼地方要撐住**。他可能不在乎報告頁數，但很在乎關鍵邏輯有沒有說清楚。

你該問的不是「要不要做」，而是：「哪裡最重要，不能遺漏？」

②替自己留餘地

有些主管會先說「不用太認眞」，是怕你做太多，到時候成果不夠亮眼，他得幫你擦屁股。這句話其實是他的**保護傘＋保留權利**。

如果你「眞的不認眞」，他就可以說：「我早就說了，這只是輕鬆做而已。」

③暗示你「不要搶風頭」

你若表現太積極、做得太完美，也可能引來主管戒心：「你是不是想讓高層看到你多強？」

這時候「不用太認眞」其實是：「你不要讓我難堪。」

面對「不用太認真」這句話，你可以怎麼回？

不是沉默，也不是立刻照做，而是要聰明地補回你的專業界線。

話術1：「了解，我會把重點部分處理確實，其他我就不額外加了。」

．表示你有判斷力。

．主管知道你沒照字面意思鬆懈。

話術2：「那格式上我就用現成的模板，但內容我還是會統整一下，確保說得清楚。」

．適度取捨。

．展現專業細節的堅持。

話術3：「不會太花時間，我大概兩小時內整理好初稿，再讓您看一次確認。」

．讓主管知道你掌握節奏。

・同時保住品質與效率。

什麼時候可以「真的放鬆」？什麼時候一定要「撐住」？

狀況	是否輕鬆處理	原因
老案子只是更新資料	○	不需重新發揮創意，流程可簡化
不對外的內部討論草案	○	重點是溝通，不需極致美觀
對外簡報、會議簡報、客戶提案	×	形象與品質代表著團隊
提給高層的報告／跨部門對接	×	細節會被放大檢視

原則：你可以鬆懈流程，但不能鬆懈品質。

面對「不用太認真」的最佳應對策略

①先不要回應，分析他的立場與情緒

是怕你加班太累？還是他根本不想這案子被上層注意？弄懂他爲何這樣說，比聽話更重要。

②用「中等程度回應」，表現你有做，也有收

不用做到100分，但做出60分品質＋30分細節＋10分態度，主管會覺得：「你不是裝勤快，是懂邊界。」

③記錄你「依然有完成的部分」

即使你砍掉某些流程，也可以留下「我哪些地方還是有做」，作爲未來保險。

逢凶話吉TIPS

主管說「不用太認真」，不是讓你偷懶，而是看你能不能拿捏分寸。

這是一場職場閱讀空氣的考試——你不是要討好主管，而是要讓他知道：你不是聽話的人，而是讓他放心的人。

19

拒絕幫忙，卻不會得罪人——如何優雅地說不

Q

下班前，鄰座同事突然問：「欸～～我剛剛臨時被拉去開會，報表還沒整理完，你可以幫我弄一下嗎？就幾欄而已啦～～很快的。」你因為還有自己的簡報要改，所以想拒絕，又怕同事覺得自己不好相處……。以下哪句話最容易讓你「拒絕成功」又不被討厭？

A.「這跟我無關，不可能幫你。」

B.「我這邊還有兩件事等著收尾，怕處理不過來，這次沒辦法幫了，真的抱歉。」

C.「我最近壓力很大，你怎麼還來煩我？」

A

正解是B，這樣說語氣穩定、說明狀況，讓對方理解你不是拒人於千里之外，而是有正當理由無法接手。

「幫忙」是人情，「拒絕」是能力

很多人害怕拒絕，是怕被貼上三種標籤：

·他很難相處。

·他都不幫忙。

·上次我有幫他，他卻這樣……。

但事實是——**你不是不幫，而是不能「什麼都幫」**。

職場裡，真正被尊重的人，不是「一直答應幫忙的人」，而是懂得界線、**能幫得起也敢說「不」的人**。

說「不」，會被討厭的三種錯誤方式

說到底，說「不」會被討厭的關鍵原因，其實不是因爲你說了「不」，而是你說「不」時的態度跟方式。

①太直接、太冷淡

「沒空，自己想辦法。」

這句話可能是實話，但情緒會先被聽見，內容就顯得不重要了。

②太多理由，讓人覺得你在「找藉口」

「我最近有點累、然後家裡也……再加上昨天沒睡好……。」

理由講太多，反而讓人質疑你的誠意。

③一開始說好，之後又反悔

這會讓對方覺得：「你不是說可以嗎？那我不是白等你？」

優雅拒絕的三步驟

無論面對邀約、請託，還是突如其來的加班需求，當你真的無法答應時，與其尷尬說「不」，不如用一種有禮、有溫度的方式拒絕。這套「優雅拒絕三步驟」能幫助你守住原則，也保住關係。

1. **感謝**（先表達對對方邀約或信任的肯定）。
2. **說明**（簡要說明自己無法答應的原因，誠懇不多贅）。
3. **替代或善意補位**（提出其他可能協助的方式或善意的話語，避免冷場）。

範例1：任務太多、時間不足

「謝謝你願意信任我，不過我這兩天手上的任務已經卡住了，如果硬插進來，我怕兩邊都會做不好，這次可能沒辦法幫上，真的抱歉！」

這樣說，顯示你：❶有禮貌；❷有理由；❸有誠意。

範例2：事務超出能力範圍

「我沒有處理這類資料的經驗，可能幫不上忙反而耽誤你，建議你可以問問小張，他之前好像做過類似的。」

這樣說，顯示你：❶合理推托；❷提供解法；❸不甩鍋。

範例3：被情緒勒索「你都不幫我」

「我不是不願意幫，是現在真的騰不出時間。我也希望你能順利完成，要不要我幫你看一下哪裡能先精簡掉？」

這樣說，顯示你：❶不爭執；❷把焦點拉回任務；❸給出支持但不代勞。

想讓別人接受你說「不」，你必須先經營這三種形象

所以，如果你想要讓別人接受你說「不」，你所說的「不」，就要展現出下面這三種態度。

①不是冷漠，而是有原則

別做好好先生／小姐，要讓大家知道你是：**做事願意多做，做人有自己界線**。

平常樂於合作，但關鍵時刻懂得說「這部分我不適合處理」。

②回應快、語氣平穩

你若每次都拖半天才回，或吞吞吐吐地說「我可能不行吧……」，對方會覺得你不**是不能幫，是在閃躲**。

快速回應＋語氣肯定，是讓人接受拒絕的關鍵。

③平時願意付出，偶爾說不更被尊重

不是每次都拒絕，但你願意在能幫的時候幫，別人更能體諒你不能幫的時候。

反向邏輯：你越不輕易答應，別人越珍惜你幫的每一次

職場裡，**最容易被「濫用」的就是那種不好意思拒絕的人。**

你越是每次都點頭，別人越會覺得那是你的「理所當然」。

眞正聰明的做法是：

- 不亂答應。
- 每一次的幫忙都讓人知道「你是經過取捨、願意伸出援手」，不是被情緒綁架。

逢凶話吉TIPS

會說「不」的人，不是難相處，而是讓人信得過。

因為你每次的「答應」，都是真心願意的；每次的「拒絕」，都能讓人理解。

拒絕，不是讓對方沒面子，而是讓自己有原則。

你不需要一直幫忙，才能被喜歡。

你只需要幫得有誠意，說「不」時有溫度，別人就會尊重你的選擇。

20 Email不是筆記，而是你的職場形象——如何寫出讓人願意回覆的郵件

Q

你昨天晚上加班寫了一封詳盡的報告信給主管，標題是「關於行銷專案的進度報告與未來建議」，內文滿滿三大段，清楚條列你對三種策略的看法。

結果今天中午，你看到主管只有簡短回你一句：「再說。」

你瞬間愣住：「蛤？這麼用心寫一封信，他只回我兩個字？」

你是不是也曾經碰過這種事——你以為自己很努力寫信，但別人根本沒看、或看了也沒回應？

以下哪封信的標題最可能讓主管打開？

A.「請參閱附件」

B.「進度報告」

C.「【請回覆】產品頁調整是否通過？（圖示內附）」

A

正解是C，這樣說告訴主管「要他做什麼」，還指出「裡面有重點」。

Email 不是寫給自己滿意的，而是讓對方願意回的

寫 Email 的時候，有些人會說：「反正我內容寫清楚就好。」錯。寫清楚不是目的，被「看懂＋採納＋回覆」才是你真正的KPI。

一封信能不能發揮功能，**關鍵不在資訊夠不夠，而在格式對不對、語氣順不順、重點明不明。**

Email 是職場最容易展現你「腦袋長怎樣」的工具。

你字怎麼排、句子怎麼開頭、段落怎麼結尾，全部都影響了別人對你的印象。

主管最怕收到哪三種 Email？

你知道當主管的人，最害怕收到部屬寄來什麼樣的 Email 嗎？答案是以下三種。

①內容太長、重點太晚出現

三段都在鋪陳，最後才寫結論。主管一打開就想關掉。

關鍵錯誤：**你用說故事的邏輯寫信，但主管想看的是答案**。

②語氣曖昧、缺乏動詞

「如果您方便的話，也許可以考慮是否可能安排一下⋯⋯。」

整封信寫完，主管不知道你到底要幹麼。

關鍵錯誤：**你怕失禮，反而變模糊**。

③只有附件、沒有解釋

主旨：如附件，謝謝。

附件：企劃書30頁。

關鍵錯誤：**你以爲主管會自己去翻，但主管要的是你幫他整理完，知道「看什麼、做什麼」。**

三步驟打造「讓人秒懂＋願意回」的職場信件

只要從信件的標題跟開頭開始注意，你就有機會寫出吸引人且讓人願意回信的信。

①標題就告訴對方「這封信是幹麼的」

不要寫「關於……」、「請參考……」這類沒意義的字。

請這樣寫：

- 【確認】X專案最新進度&三項待決事項
- 【請回覆】可否週五前定稿？內附兩方案比較
- 【提醒】活動日程調整一覽（供內部排程）

重點：❶行動導向；❷一眼知道這封信要回什麼、做什麼。

②開頭就說重點，用一、兩句話說明背景

把結論往前拉，是最高級的職場禮貌。

範例開頭：

「X案目前排程略有延後，預計影響下週製作期，我這邊提出兩項因應方案，供主管參考。」

重點：先給結論，後面再補充細節。主管看到這段就知道你很有邏輯。

③用條列式分段，最後明確「交辦或請回覆點」

千萬別把超過三件事塞進一段話裡，因為「視覺清楚＝思路清楚」。

信件格式建議：

您好，

關於○○專案，目前有三項重點整理如下，請您協助確認第三點方向：

1.上週A版本已與行銷部初步討論，初步共識偏向B策略。

2.設計時程須向後延一週，預計不影響整體上線。

3.請確認本週是否仍維持週四提案，或延至下週一較合適？

如您同意，預計週五前可完成最終簡報，再送總部。

敬祝　順心

〇〇〇敬上

重點：讓對方讀完有方向、有動作、有節奏。

同場加映：如何「催回信」不討人厭？

不要寫：「請問有看到嗎？」

主管會想：「看了，但不想回。」

請這樣寫：

「補充說明一下：爲了週五能順利定稿，這邊想再次請您幫忙確認上次信件中的第二點。若沒問題我就進行下一步囉！」

重點：❶有理由；❷有節奏；❸不是純催促，是幫他「推動流程」。

逢凶話吉TIPS

Email，不只是文字溝通工具，而是你在主管心中的「印象延伸」。

寫信時，請記得：

不是你寫得清楚就好，而是要讓對方「看得快、懂得多、做得動」。

你可以話不多，但要句句關鍵；你可以語氣不熱情，但要格式不含糊。

真正專業的人，連寫一封信都讓人安心。

21

話太多會惹人厭，話太少又沒人理——如何掌握適當的發言比例

Q

部門會議上，小組報告進行中，你負責的其實是最核心部分，但你總覺得：「等主管問再說好了，我不要一直講話搶鋒頭。」結果整場會議你只說了一句「我沒有什麼要補充的」。

一週後，人資釋出升遷名單，名單裡沒有你，卻有那位「每場會議都會說點什麼」的同事。你心裡不服氣：「明明我做得最多，為什麼是他升遷了？」答案可能就藏在你那一場又一場的沉默裡。你不是不努力，只是太「安靜」。來，挑一下，哪一句話最能留下「有貢獻又不搶戲」的印象？

A.「我有一點不同意，剛剛講的我覺得沒邏輯。」

B.「我也補充一下，我之前的案子做法是……。」

C.「我歸納一下剛剛幾位提到的重點，我們目前共識大概是……。」

A

正解是C，這樣說協助統整、引導團隊，讓你看起來「在狀況內、能補位、不愛搶戲」。

職場不是靜靜做好就好，還要「讓別人知道你有做」

許多工作者在表達的時候，常會卡在兩個極端：

①話太多：講不停、插話、延伸主題講自己，結果大家心裡想的是：「你可以閉嘴嗎？」

②話太少：明明是專案核心人員，卻只在被點到時勉強發聲，讓主管以爲你沒想法、不積極。

眞正的高手，掌握的是「剛剛好」的發言分量。

讓人覺得你有料、積極、有禮貌，不搶鋒頭，也不被邊緣。

如何知道自己話太多或太少？

下面話太多或太少的警訊，你「中」了幾個？

話太多的警訊

- 你一發言就連續講兩分鐘以上。
- 別人發言時你常忍不住插話「補充一下」。
- 主管明明沒問你，你硬是要回應每一題。

結果：同事會漸漸避開你，主管聽完也沒印象你講了什麼。

話太少的警訊

- 整場會議都沒開口。
- 被點名時只說：「我沒意見。」

・開會前只關心資料，不練習怎麼說。

結果：大家忘了你參與過，也不會第一個想找你合作。

發言的黃金比例：一次60～90秒，內容三層結構

最理想的發言長度，不在於「秒數」，而是你有沒有在一分鐘內講出**「重點＋理由＋延伸」**。

請用這個架構思考你的發言：

「我的觀點是A，因爲B，再補充一點C，讓大家參考。」

例如：

「我建議這次活動時間改爲下週一，因爲根據過去報名行爲，週一開放人數較多。補充一下，上次類似活動週一上線點擊率也高出兩成。」

這樣的回應方式：❶節奏明快；❷有理有據；❸有參與感。

如何提升發言質感，而不是光說一堆話？

以下三個技巧，可以協助你的發言更有質感。

①提「觀察」，不是講「情緒」

別說：「我覺得這樣很怪。」

請說：「我觀察到這樣可能會導致A影響，我們要不要討論一下方案B？」

要把感性的「感覺」變成理性的「分析」，主管才會聽得進去。

②結論先講，再補細節

別說：「我有幾點想法……第一是……第二是……。」

請說：「我認爲可以採取B案，理由有兩個……。」

因爲主管想先知道你的立場，再決定要不要聽細節。

③幫大家收尾，不等於搶戲

適時歸納：「我來補充大家剛剛提到的三點重點……。」

這不是愛出鋒頭，而是「結構化參與」，主管會感謝你「讓場子有方向」。

高明的發言，不只說給主管聽，也讓同事想合作

你每次發言，不只是主管在聽，同事們也都在觀察：這個人好不好合作？值不值得信任？

所以，你要：❶常說「我們可以怎麼做」；❷提出觀點但不踩別人；❸有觀察、有禮貌、有行動感。

久而久之，你會被默默歸類爲「有貢獻但不搶鋒頭」的高好感人選。

逢凶話吉TIPS

會說話，不是會說很多話，而是你說話「有價值、有節奏、有界線」。

每一次的發言，其實都是在形塑「你是什麼樣的人」這個印象。

說太多，讓人覺得你沒分寸；說太少，讓人以為你沒貢獻。

只有說得剛剛好，才會讓人覺得：「你講話的時候，我應該要聽。」

22

一句玩笑話，可能毀掉你的職場形象——如何拿捏幽默的界線

Q

以下哪句「自以為開玩笑」的話，最容易讓人誤解為攻擊？

A.「這週案子很多，我都快變社畜了～～」

B.「你怎麼穿這樣，是沒洗衣服嗎？」

C.「如果我是主管，這種簡報我也挑剔啦～～」

A 正解是B，這樣說針對對方外在，無關工作，聽起來不幽默，只顯得失禮。

幽默說得好是魅力，說不好會變成人際災難

在職場裡，大家都喜歡有幽默感的人，但沒人想跟「自以爲好笑、其實很失禮」的人共事。

尤其當你說的「幽默」以別人的弱點、隱私、失誤爲素材，那就不是笑話，是踩線，是攻擊。

最糟的不是你惹怒誰，而是你讓別人覺得：**你不懂界線**。

什麼樣的玩笑，是不能碰的「地雷級」禁區？

有些類型的玩笑，是絕對不能開的；下面這三類「地雷」，如果你看到毫無感覺，就要小心，自己是不是就是那種「沒有界線感」的人。

①跟外表、年齡有關的嘲諷

・「你現在白頭髮越來越多囉～～」

・「這年紀還單身，是不是要求太高？」

絕對地雷。就算你是熟人，也未必踩得住。

②跟感情、婚姻、家庭相關的暗示

・「怎麼沒帶你老婆一起來？是不是吵架啦？」

・「你小孩又考不好嗎？哈哈～～你要多管教啦！」

這些都是「表面輕鬆、內心隱痛」的話題，千萬別碰。

③藉工作內容開「貶低式玩笑」

・「你這週怎麼都沒做事啊？薪水小偷喔？」

・「這份報告誰寫的，好像小學生作文喔～～」

不管多熟，這類話只會讓你像「上對下講話的嘴壞人」。

什麼才是真正「安全又有魅力」的幽默？

既然要小心「地雷」，那什麼樣的話題，才是「安全又有魅力」，可以拿來開玩笑的「幽默點」呢？

①開自己玩笑，幽默不帶傷害

「這週我的報告寫到半夜，發現我最熟的 Excel 功能就是復原鍵。」

大家會笑，因爲你自嘲而不攻擊任何人。

②共通經驗型幽默，讓大家一起笑

「大家這週是不是都有一種：開會、吃便當、再開會的迴圈人生感？」

這種玩笑：❶有共鳴、不針對；❷帶氣氛又不失禮。

③適時輕鬆化解僵局，而不是製造尷尬

當場面冷掉時，可以說：

「好～～剛剛那氣氛有點沉，我來當個背景音樂轉場好了。」

你笑自己、救場面，這才是高段位幽默。

提醒：這句「我開玩笑的啦」＝社交救命無效咒

當你說錯話之後補一句「欸欸～～開玩笑的啦」，**這並不會讓對方眞的笑出來，反而更想封鎖你。**

因為那代表：

・你知道你說過頭了。

・你沒有打算道歉。
・你把責任推給對方「太玻璃心」。

眞正成熟的人，會說：

「欸，我剛剛可能講話沒注意，抱歉，如果讓你不舒服，我收回。」

誠意比幽默更能挽回人心。

萬一別人對你講了過頭的玩笑，你該怎麼應對？

如果今天不是你踩雷，而是別人對你開的玩笑過頭了，這時你又該怎麼應對？讓我提供三種選擇。

①以靜制動，用眼神＋沉默拉出界線

不接話、不笑回，對方就知道「這玩笑不行」。這比你當場發火，更有力。

②微笑回敬，但轉為反思型回應

「嗯～～這話有點重喔，我先笑一下，回家再考慮要不要記仇。」

這樣說，氣氛還在，但你立下了界線。

③會後私下提醒，維護雙方顏面

「我知道你是開玩笑，但其實那對我來說有點不舒服，想讓你知道一下，以後我們都能更自在聊天。」

這樣說，不留疙瘩，也給了對方一個「修正的機會」。

逢凶話吉TIPS

真正的幽默，不會讓人覺得你「好笑」，而是讓人覺得「跟你相處很舒服」。

你可以帶氣氛，但不能傷人；你可以有風格，但不能越界。

職場最危險的說話方式，不是嚴肅，而是「自以為幽默」。

說話的人可能忘了，但被開玩笑的人，會記一輩子。

請記住：「笑」是連結，不是藉口；**真正的幽默，是把人帶近，不是推遠。**

23

這不是你的工作，但主管希望你做——如何回應額外工作

Q

你正在趕自己的簡報進度，主管忽然走過來說：「那個客戶資料我還沒整理好，你熟悉格式，幫我先弄一版，晚上前給我。」語氣像是「拜託」，但語調又像「交辦」。明明不是你的工作，但主管卻又希望你做。要回應這種額外任務，下列哪一句是高情商、有彈性的回應方式？

A.「我又不是你助理，幹麼一直幫你處理？」

B.「我可以先幫你彙整資料，其他部分可能需要協調一下資源唷～～」

C.「我真的沒空，你去找別人吧。」

A

正解是B。這樣說清楚表達立場，又釋出善意；守住界線，也守住人情。

「這不是你的工作」是真的，但「主管叫你做」也是真的

在職場上，最難處理的工作不是合約上寫的那種，而是這種「被默默多塞一份」的責任。

你不敢拒絕，是怕主管覺得你不合作；但你一直接下來，主管就會以爲你「本來就該做」。

眞正厲害的人，不是什麼都做，而是知道什麼要做、什麼可以推，**什麼可以轉成自己的籌碼。**

遇到「不是你分內的工作」，先問自己三件事

當你遇到「不是你分內的工作」時，你可以先透過問自己三個問題，來判斷到底要接還是不接。

①這份任務是否具備「曝光」或「升遷價值」？

- 是：可以接，當作向上展現能力的機會。
- 否：接了也不被看見，就要再思考。

②主管是臨時交辦，還是持續交辦？

- 一次性支援：可以視爲合作。
- 變成常態性「丟包」：要談界線了。

③你目前的工作量，能不能承受這額外負擔？

- 能承受：協助一次不吃虧。

・負荷爆表：會影響正職績效，就該提早說明。

三種「策略性答應」的高情商話術

如果在評估之後，你覺得這個「不是你分內的工作」是「可以幫忙」或「部分協助」的，也千萬不要太輕易一口答應，而應該用下面三種說法來表達態度。

①給出條件式承接

「我可以幫忙，但可能需要多一點時間，因爲目前手上A專案的交期在趕，您這邊的優先順序怎麼安排？」

這樣說，讓主管知道你有安排，也請他表態排序。

②做一半＋留下界線

「我這邊可以先幫你把架構拉出來，細部內容我可能沒那麼熟，就交由負責的同事來補充會比較準確。」

這樣說，做到「幫忙」，不做到「承擔全部」。

③轉為共識型討論

「這部分平常不是我負責的流程，我能幫忙初步整理，但想請問這會變成我後續常態要負責的嗎？這樣我能提早安排資源。」

這樣可以順便談清楚「角色邊界」，不讓模糊成爲常態。

錯誤示範：千萬別用這些語氣拒絕

- 「這不是我的事欸。」→太硬、太個人立場。
- 「我忙死了，你去找別人啦。」→情緒先出來，理虧就開始了。
- 「你又不是不知道我手上多少事？」→拿「委屈」當籌碼，主管不會買單。

你該表達的，不是「不爽」，而是**「我是想幫忙的，但我希望有合理分配」**。

什麼時候該「拒絕」，又不傷關係？

雖然不該傷和氣，但是，該說不的時候還是要拒絕。有下列三種情況，你應該勇敢婉拒。

①長期幫忙卻沒回饋

你幫了三次、五次，主管從沒給過肯定，只是習慣把東西丟給你。你不是助手，不必無償承擔。

②影響自己工作績效

你幫了別人的忙，但主管最後考績只看你分內的東西。這叫「白忙」。

③任務風險太高，卻不是你負責

臨時要你處理財報、對外窗口、交接給高層的資料，但出錯你扛、成功別人領。這點要非常小心。

【高階拒絕話術建議】

・「我擔心這部分我處理反而出錯，可能還是交給熟悉流程的夥伴會更順利。」

・「我可以幫忙部分細節，但因爲這不是我主要負責的案子，主管這邊可否說明一下後續角色分工？」

・「這週已經有兩件任務正在執行，我怕這樣會分心，主管您覺得要不要先確認哪個優先？」

逢凶話吉TIPS

不是每一份工作都該接，但你該知道哪一種拒絕才會讓人尊重你。

會說話的人，不是會一直答應，而是懂得在幫忙與保護自己之間找到平衡。拒絕不是懶惰，而是策略。

真正高段位的人，懂得把「不是我該做的事」說得剛剛好，讓人覺得你不是只會推托，而是懂得安排。

24

當主管過度稱讚你，你該擔心的事——如何避免被同事視為威脅

Q

主管在會議上，當著衆人的面，大力稱讚你說：「這次案子能成功都是靠你！」同事也意有所指說：「看來今年部門獎金要被你獨得啦！」以下哪個回應最得體？

A.「沒有啦沒有啦～～我哪敢搶功勞，大家都有分啦～～」

B.「謝謝主管，我是負責收尾那段，前期很多細節都是同事們打下的基礎。」

C.「哇～～主管今天心情不錯喔！」

A

正解是B，這樣說保住了專業，又穩住人際情緒。

被讚美不是壞事，但「太突出」會讓你被拉黑

職場有個潛規則是——**不是每個人都喜歡優秀的人，但每個人都會記住「搶走關注的那個人」**。

當主管太偏愛你、太常點名你、讚美你時，有時候無心的一句好話，卻會讓你成爲他人心中「看起來很得寵」的人。

這種「被高調」的情境，其實就是一種形象風險管理考驗。

你不是要否認自己的能力，而是要讓別人知道：❶你有貢獻；❷你知道團隊也很重要；❸你「不搶戲、不搶鋒頭」，是做事的人。

你該擔心自己被「過度讚美」的三種徵兆

至於什麼樣的情況，算是「過度讚美」？下面三個場景指標，可供參考。

①主管只單點你，不提團隊

例如主管說「這案子都靠你了」，而不是說「這案子你跟團隊配合得很好」，長期下來，你就會被其他同事認爲是「偏寵對象」。

②同事開始不再主動告知你最新進度

他們不再把你當「一起打仗的夥伴」，而是「等著上報的代表人」。

③開會時只讓你發言，其他人安靜

這是領導人對你「公開授權」，但也讓你成爲「高風險代表人」。

三個策略，讓你優雅接住稱讚，卻不被討厭

你可能會說，被主管稱讚，又不是你能控制，你也很困擾啊！這時候，你需要接下來的三個策略，巧妙地在被稱讚的時候，優雅接球，卻又不惹來同事討厭：

①低調轉化讚美↓集體共享功勞

話術範例：

「謝謝主管的肯定～～其實這案子能順利完成，是因爲大家前段資料蒐整得很齊全，我只是後面幫忙組合完成。」

這樣說，你沒有謙虛到自我否定，但也沒有「吃乾抹淨」把功勞都打包。

②私下向主管表達感謝＋請求語言調整

你可以在會後這樣說：

「主管，謝謝您在會議上給我這麼多鼓勵，我眞的很感激。不過我怕這樣講，大家可能會誤會我搶了所有成果，下次如果可以，也許我們可以一起肯定團隊的貢獻，這樣

氣氛會更和諧一點。」

當你這樣說的時候，你既表達了感謝，也不直接糾正主管，而是**善意提醒＋向上管理**。

③平常更多參與、幫助他人，累積信任感

別等到被誤會後才想洗白，**平時就要主動與他人合作、轉發資源、協助同仁的困難**，讓大家知道——你不是爭功勞的人，而是能「把光打到團隊身上」的人。

逢凶話吉TIPS

真正成熟的回應，不是否認讚美，而是懂得「轉化讚美」。

你可以被稱讚，但要懂得讓讚美**變成團隊的連結，而不是人際的裂痕**。

有能力是你的優勢；能讓別人也感覺「因你而榮耀」，才是你真正的魅力所在。

25

他老是裝內行，你該怎麼讓他閉嘴
——別為人作嫁還幫忙數鈔票

Q

你花了整整兩週才整理完提案資料，簡報那天，同事阿光一邊聽一邊點頭，等主管問完第一題，他馬上開口搶答：「這案子就是抓準消費者的痛點，然後再搭配分眾策略……。」

你傻眼在一旁。他講得一副自己是主導者，主管也頻頻對他點頭稱讚。

你心想：「我努力了兩星期，他也就講了兩分鐘，怎麼就變成他的功勞了？」

遇到這種同事搶講你整理的資料的情形，以下哪句話最適合接回主導權？

A.「你不是沒參與嗎？不要亂講。」

B.「我來補充一下背景資料，因為當時我是負責整理這整份資料的。」

C.「這大家都懂啦，不用講那麼細。」

A 正解是B，這樣說穩住身分、補強專業，不帶情緒，也不搶功勞。

別被「假裝懂的人」收割你的努力

在職場上，像前面提到的阿光這種「裝內行」的同事不見得是惡意，有時候他只是：

・想刷存在感。

・想搭順風車。

・想在主管面前顯得「參與很多」。

但結果就是：**你幫忙準備了子彈，他搶著開槍，還收割掌聲**。

如果你繼續沉默，你會從「專業者」變成「無聲的勞工」。

四招應對「裝懂型同事」

見招拆招，面對愛搶戲的裝懂型同事，你可以這樣拆招。

①試探式反問，看他是不是真的懂

當他搶答時，不要馬上反駁，先用「請教式反問」讓他自己露餡：

「阿光你剛剛提到痛點，那針對主婦族群的焦慮點，你覺得哪個面向最關鍵？」

他若回答不出來，大家就會發現他只是「講表面話」。當你這樣做的時候，你沒嗆人，卻讓現場的人都看清了事實。

②教育型回應：柔性糾正＋順勢補強

他搶先發表後，你補上一句：

「補充一下剛剛阿光提到的那段，我當時其實有去訪談三位主婦，從她們的語氣與回應裡，我歸納出兩個關鍵詞……。」

這樣講的意思，是不讓對方「整碗捧走」，也讓局面順勢拉回到自己真正做的努力與貢獻。

③預先卡位法：下次開會前先找主管對焦，建立發言順序

開會前主動簡報說明：

「這次的消費者分析，我這邊做了一輪訪談，等一下我來報告那段，最後再請阿光分享他對操作面的建議。」

這樣做是先用主持語言預先架構發言流程，不讓別人中途搶戲。

④讓對方的「先說」，反而變成自曝其短

當他又想搭話時，你反而請他先分享：

「阿光你對這次的痛點設計有什麼看法？我這邊資料比較多，想先聽聽其他人的感受。」

這種「反其道而行」的做法，就是先拱他上場，也讓他無話可講，然後由你掌握節奏，又留住主場。

別讓自己看起來小氣、愛計較

爲了不讓自己呈現小氣、愛計較的形象，有三種反應千萬不要做。

①當場打臉：「你根本沒參與啊，為什麼搶著講？」

就算你是對的，氣氛也會轉爲尷尬→主管只會覺得你情緒失控。

②整場會議都不說話

你氣在心裡，但主管根本不知道你的貢獻→你默默退場，他高調收割。

③會後才抱怨：「為什麼他搶我功勞？」

爲時已晚，局勢已定。與其事後難過，不如當場策略控場。

同場加映：如何從源頭布局

想要預防「再度被搶戲」，最好的做法有二，把主導權掌握在手上。

①與主管預先討論好發言分工

「我今天想報告這三段，會分成策略面與執行面，之後也可以請阿光補充廣告素材那段。」

先給主管一個清楚結構，也讓同事知道你不是獨攬，而是主導。

②讓成果有憑據：寫信、文件、簡報備份都保留

這樣可以讓你的工作「被看見、可回顧、可追溯」。

逢凶話吉TIPS

別讓「會說話的人」搶走「做事的人的成就」。

你不是為了搶鋒頭，而是為了守住你的價值。

要用**高段位的反問與補充**，讓人知道——

真正懂的人，是你；懂得讓對方閉嘴的，也該是你。

26

求助不是示弱，而是建立連結——請求幫忙反而讓同事開心

Q

當你有事情想要請同事幫忙的時候，下列哪一種求助方式最容易讓對方願意協助？

A.「我真的不會啦！這東西好煩喔，你幫我弄一下啦～～」

B.「我這邊卡在某個步驟，查了說明也還是不太懂，你那時候怎麼解的？可以分享一下嗎？」

C.「欸我又忘了上次你教的，麻煩你再講一次。」

A

正解是B，這樣說具體說明困難點、展現努力過程、語氣中帶尊重，對方會覺得「這人值得幫」。

求助不是軟弱，而是信任

剛進新部門的你，每天都努力準時上班、獨立完成交辦事項，但卻始終覺得自己像個「外人」。

有時候對系統不熟、流程不清楚，但你總是默默查資料、自己摸索。

直到某天，一個老鳥同事對你說：「你可以早點問啊，這我之前也遇過，我們都踩過坑，直接告訴你比較快。」

你突然發現，原來你不是不夠好，而是你**太想證明自己，忘了人際關係也是一種職場能力**。

在職場裡，有些人總怕自己提問、請教，會被同事覺得沒能力。

美國開國元勛班傑明．富蘭克林說過一句話：**「相較於被你幫助過的人，曾經幫助過你的人會更願意再幫你一次。」**這是源於他的眞實經驗，這一現象也被稱爲「富蘭克林效應」。其衍生的意思是：**當你向一個人求助，反而會讓他更喜歡你。**

所以，向同事提問，不代表你不行，而是你願意放下自我，打開關係。

怎麼請人幫忙，才不會被誤會是麻煩？

以下這三步驟，是職場高情商求助術的黃金節奏。

①從「讚美＋學習」角度出發

先給對方一個「爲什麼找他」的理由，讓他覺得自己**被看見**、**有價値**。

話術範例：

「我發現你做的那個報表格式非常清楚，我也想學一下你是怎麼排的，能請你給我一點建議嗎？」

當對方聽到你欣賞他的作品，自然會更願意出手協助。

②問題要具體，別讓人覺得你只是在「把問題丟出來」

錯誤示範：

「欸，我這個看不懂，你幫我弄一下。」

這樣說，對方覺得你只是想甩鍋。

正確做法：

「我試了A、B兩種方式都不太行，我卡在C這段邏輯，想聽聽你的想法。」

這是展現你「不是什麼都不懂」，而是有很清楚的「卡關點」需要突破。對方在這時候出手幫你，就會幫得很有成就感，而不是做苦工。

③真誠感謝＋創造回饋循環

幫完只說一聲「謝謝」是不夠的，**讓對方知道你真的記得這份好、願意回報，才會建立長期信任。**

舉例：

・幫你完成文件→請喝飲料、備註credit、簡報時點名感謝。

・解釋操作流程→隔週你主動幫他排會議簡報。

記得，要讓「求助」變成「合作的開端」，不是「債務的起點」。

不可不知：這三種「假性求助」最讓人反感

但是，在「求助」的時候也要注意自己的態度，不要一不小心（更不要刻意）變成讓人討厭的下列三種「假性求助」。

①把問題一股腦丟給別人：「你比較厲害，幫我處理好嗎？」

因爲沒人喜歡被當免費外包。

②明明問過了還一直來問：「上次你說那個是什麼啊？我忘了～～」

這給人「不記、不學」的感覺＝討厭＋不想再幫。

③人前示弱、人後搶功：「那案子後來還是我做完的啦～～」

這會讓幫助你的人覺得被利用→信任值歸零。

逢凶話吉TIPS

真正的求助不是「我不行」的展現，而是「我信任你」的邀請。

有些人靠實力贏得尊敬，有些人靠態度贏得支持，而懂得開口求助的人，是用關係贏得影響力。

請人幫忙，不會讓你變弱。在職場上，「求助」絕不等於「沒能力」；**懂得請人幫忙，是一種高情商的影響力策略**。只要掌握說話技巧和心理節奏，求助不但不會被扣分，相反地，還會**讓你更被人喜歡**、**更快融入團隊**。

27

八卦不是問題，問題是你怎麼回應——如何應對職場探聽隱私

Q

辦公室裡，如果有人問你是不是跟某人曖昧，哪個回答最不會讓話題延燒？

A.「你怎麼知道的？不要亂傳啦！」

B.「唉唷～～我每天都這麼迷人，你們太容易想太多啦！」

C.「誰說的？誰傳的？給我站出來！」

A 正解是B，這樣說用幽默緩解氣氛、模糊焦點、不激起更多追問。

職場不是祕密多，而是耳朵太多

午休時，同事一邊吃著便當，一邊笑嘻嘻問你：「欸～～你昨天是不是跟行銷部那個誰誰誰一起下班啊？怎麼這麼剛好？」

你當下愣了一秒，心想：「是我朋友來接我下班啊，關他什麼事？」但你也不好意思太嚴肅，就笑笑地說：「就剛好一起走啦！」

隔天你才知道，現在整個部門都在私訊猜測：「他們是不是在交往？」

你明明什麼都沒做錯，卻變成大家茶餘飯後的主角……。

很多人打著「關心」的名義，其實是爲了蒐集素材。

他們不是故意要害你，但他們的「話題習慣」，可能會讓你無意間曝露太多個人資訊，甚至被曲解、誤傳。

八卦本身不可怕，可怕的是你沒有設好「邊界感」的回應方式。

所以你要學的，不是「回絕提問」，而是怎麼**優雅不回、回而不答、答而無傷**。

職場中最常出現的三種「隱私型提問」

在我們的辦公室周遭，最常流傳的八卦隱私，主題不外乎下面三大類型。

①感情類

- 「欸，你最近都跟某某一起上下班，怎麼回事啊？」
- 「你假日去哪？怎麼穿得這麼漂亮？」

②薪資與升遷類

- 「欸，你今年有調薪嗎？」
- 「這次升遷名單你是不是也在裡面？」

③家庭與生活類

・「你爸媽是做什麼的啊？」

・「你怎麼這麼常請假？是不是家裡有事？」

這些問題的共通點是：❶看似隨口問問；❷但回答後會被快速傳播。

三種「不正面回應」的高段位做法

面對隱私性提問，最好的做法就是不正面回應；但是怎麼樣才能不正面回應，卻又不得罪人？下面提供三種方式。

①輕鬆打太極，模糊處理

例句：

・「哈哈～～就剛好碰到了啊，緣分啦！」

・「也沒什麼啦，我都一樣過日子。」

這樣回應：❶沒正面否認；❷沒給明確答案；❸輕鬆帶過，不易被追問。

②轉移話題，換你問回去

例句：

・「欸，我倒是覺得你昨天的衣服很好看耶，在哪買的？」

・「話說你週末去哪放鬆了？看你今天氣色超好！」

這樣回應：❶讓話題轉向對方；❷讓他措手不及，改聊其他事；❸回到「對等」狀態。

③用幽默反守為攻

例句：

・「這麼關心我，該不會你是我潛在粉絲吧～～」

・「先把你自己的八卦交出來，我再考慮要不要回答喔～～」

這樣回應：❶保留距離；❷氣氛不尷尬；❸給人台階，不讓人難堪。

避免尷尬的進階技巧：不否認，也不附和

面對窺探隱私的問題，回應時想要避免尷尬，可以這樣做：

- 不要太急著否認：「沒有啦！不是你想的那樣！」（聽起來超心虛）
- 也別傻傻附和：「對啊～～就……還不錯吧？」（八卦瞬間延燒）

最安全的方式是：**「模糊＋微笑＋轉移」**

- 「唉唷～～你們想像力太豐富了啦，我只想趕快下班吃火鍋。」

這樣回應可以：❶結束話題；❷建立分寸；❸不留下可以延伸的線索。

逢凶話吉TIPS

八卦不會毀了你，但「沒學會如何回應八卦」會。

真正聰明的人不是什麼都不被問，而是懂得「讓別人問不下去、記不得答案，也傳不出什麼」。你不必太認真解釋，也不需要防備過頭，只要學會模糊、微笑、轉移，就能從八卦話題中，全身而退，形象不傷，尊嚴還在。

28

年齡差距，不該是交流的障礙
——如何與不同世代的同事溝通

Q

辦公室裡，有不同年齡的同事。但是，如果想和跟自己年紀差距十五歲以上的同事溝通，該怎麼措辭比較好？

A.「這我以前也做過，你就照我講的做吧。」

B.「你這樣太天真了啦，我教你正確做法。」

C.「這方向滿新穎的，我以前沒遇過，想聽你怎麼想的。」

A

正解是C，這樣說結合「尊重＋學習＋合作」語氣，讓對方感受到你不是來主導，而是來連結。

年齡，不是障礙，而是「背景差異」

我們常把「代溝」想得太嚴重，實際上——年紀只是你成長背景的差別，不是你溝通能力的限制。

眞正讓你難以交流的，往往不是年齡，而是：

・太快下定義：「他們就是這樣。」

・太急著說服對方：「你那套已經過時了。」

要拉近彼此，你需要的不是語言力，而是**「同理＋轉譯＋合作意識」**。

三種高情商跨世代溝通策略

在這種情況下，我提供三種方法，可以運用在跨世代溝通上，保證能夠減少很多溝通上的不順喔！

①請教法：讓資深者感受到被尊重，讓年輕人感受到被重視

和年長者溝通→用「請教」打開對話。

例句：

「這份報價書我在細節安排上被卡住了，想問問您以前有沒有遇過類似狀況，您會怎麼處理？」

這樣說：❶表達尊敬；❷展現你是在學習，不是在挑戰；❸一開口就拉近彼此的關係，一舉數得。

和年輕同事溝通→改「指令」爲「邀請」。

例句：

「你之前提到用ＡＩ自動分類報表，我很好奇怎麼操作，這週有空能不能教我一下？」

這樣說：❶展現了開放的態度；❷符合年輕人喜歡「分享知識」，而不是「被指示」的習慣；❸讓關係升級成「互助」，而不是「上對下」。

②對比法：舊經驗＋新做法，讓對方感受到互補價值

你可以這樣說：

「我們以前寄 Email 跑三輪才定下時間，現在你們用軟體系統直接預約，真的方便很多！」

或者：

「你這段文案切得很好，我以前也遇過類似推廣案，但當時的限制比較多，我可以分享一下當時怎麼處理。」

這樣說：❶不否定彼此；❷讓經驗與創意對話，而不是打架。

③吸引法：讓彼此好奇對方，產生交流動機

和不同世代溝通，不要只談工作，也可以偶爾問點對方感興趣的事。

對資深者問：

「以前你們是怎麼做客戶管理的?跟現在差很多吧?」

(讓他感受到:你對他的資歷有興趣。)

對年輕人問:

「你們平常都在哪裡看新聞?還有人在用 Facebook 嗎?」

(不是嘲笑,而是探索。)

因為保有好奇心,其實是一種尊重;而世代間的交流,就是從理解彼此的語言開始的。

【避免踩雷的小提醒】

不過,要留意的是,在與不同世代的同事溝通時,千萬別說下列三句話。

- 「我們以前不是這樣的。」→聽起來像在否定變化
- 「你們年輕人就是⋯⋯。」→聽起來像在貼標籤
- 「這很簡單啊,怎麼不會?」→聽起來像在羞辱能力

請你改說:

- 「我以前的做法是這樣,不過現在的方式也很有趣。」
- 「我們來看看有沒有新的搭配方法。」

・「我也第一次接觸這種做法，我們一起研究一下好嗎？」

逢凶話吉TIPS

代溝不可怕，可怕的是你用自己的方式，去否定別人的語言。

年齡的距離，靠理解來拉近；溝通的落差，靠好奇來彌補。

你不需要「裝懂」，只需要願意「聽懂」。

真正會說話的人，不只要跨部門，更要跨世代。

PART

3

避開職場風險，穩健前行

如何在複雜的職場環境中，
安全避險並持續成長。

29

你沒有選邊站，但別人已經幫你決定了
——如何應對職場派系

Q

某天，部門裡流傳著一句話：

「這次組織調整後，小葉應該會被留下，他跟原主管關係滿緊密的。」

你一臉黑人問號。

你心想：「我根本沒有表態過，為什麼要承擔這些後果？」

如果你希望穩住自己「中立」的角色，以下哪個是正確說法？

A.「我沒跟誰比較好啦，只是不喜歡新主管的風格。」

B.「我其實誰都不熟，請不要把我拖進來。」

C.「每個主管的方式不一樣，我都試著配合看看，這樣效率會比較好。」

A

正解是C，這樣說不否定、不推托，而是正面強調「配合、效率、合作」的語言核心。

你沒選邊站，但職場已經默默幫你歸隊了

職場派系從來不是靠你「說了什麼」來決定，而是看你「站在哪裡、跟誰熟、誰願意挺你」。

有時候你一句無心之言、一場飯局、一張合照，別人就能替你做出所有推論。

你以爲你中立，實際上你早就在某些人的認知裡，被安排好立場了。

派系是怎麼來的？又怎麼影響你？

初入職場的時候，你可能會想：「如果我不選邊，不加入派系，是不是就不會有事？」

如果你這樣想，只能說你單純得像小白兔。派系跟你想的不一樣，也不是你不靠近，就眞的能夠當個「不沾鍋」。這一點，只要你知道以下三種「職場派系常見生成法」就會理解了。

①「主從關係」延伸型

老主管提拔過的人，自然就成了「舊人馬」代表。

②「私交深厚」誤判型

常跟誰一起吃飯、加班、聊天、一起出差，久了就變成「小團體」。

③「共同利益」結盟型

資源、升遷、表現競爭明顯時，部門會自然出現「你挺我、我挺你」的微型同盟。

被「歸類」的你，會發生什麼事？

· 核心任務少了你。
· 與另一派的溝通變得卡卡。
· 開始有些「奇怪的流言」在你背後繞一圈再繞一圈。

最慘的是：你根本沒做錯什麼，但正在默默被邊緣化。

三步驟當個「不被捲入的核心人物」

在職場上，想要避免陷入「被歸隊」的狀況，可以依照下列三步驟做。

①清楚立場，用語言建立「中立但不模糊」的形象

當別人試圖套話、拉攏你時，你可以這樣說：

・「我其實跟每個主管合作過，大家風格不同，我都滿習慣的。」

・「我在意的是流程和成果，只要專案好，我都願意配合。」

不表態、不暗挺、不打迷糊仗，而是主動表明你是「任務導向者」。

②分散連結，不要讓自己只出現在某一群人身邊

別總是和固定的三人小圈圈一起午餐、開會、走動。

請你**有意識地和不同部門**、**不同風格的人建立合作關係**。

・和新主管合作時，要讓他看到你的配合度與執行力。

・和老主管團隊保持基本互動，但不要過度親近。

・與非主管階層的同事，也維持友善態度協作。

讓別人看見你「四面通」，自然不會把你歸進某一方。

③主動發聲，但只講任務，不講人事

在任何公開場合，例如會議、簡報、內部發信，你的語言要保持「專業中立語氣」。

請避免說出這些話：

・「這是前主管交代的標準啦。」

・「我比較認同老張的風格。」

・「上次A小組也是這樣搞砸的。」

請你改說：

・「我根據目前專案的條件，建議這樣的流程比較高效。」

・「我們可以比照去年做法，再依現況做調整。」

你談的是事，不是人。

這會讓你在不同派系之間都能生存，甚至成爲必要的中介者。

如果你真的被誤認了該怎麼辦？

假如眞的被誤以爲你選了某一邊，不要急著撇清，請用**「客觀任務＋誠懇態度」**來澄清。

例句：

「我知道最近大家可能對立場比較敏感，我其實一直都是照著主管交代來執行，沒有任何私人立場，也希望把事情做好爲主。」

重點在：❶語氣冷靜；❷不把錯推回去；❸顯示你是團隊穩定的存在。

逢凶話吉TIPS

在派系世界裡，真正的安全感不是來自「選對邊」，而是「被每一邊都需要」。

你不需要有靠山，你要讓自己成為橋梁、支點、穩定的系統力量。

派系會變，但價值不會。

你唯一該站的，是「在做事的那一邊」。

30 主管今天心情不好，你該如何自保——如何面對情緒化主管

Q

你走進主管辦公室，他不像平常那樣和善，反而很生氣地問：「我明明說這份報告很重要，為什麼到現在還沒看到？」

這時，你怎麼回應比較妥當？

A.「我已經在做了啊，只是還沒完成而已。」

B.「我會加快處理，中午前整理完發給您確認。」

C.「你現在是在對我生氣嗎？這樣很不公平欸。」

A 正解是B，這樣說對事不對人、節奏平穩、有具體解法，最能降溫局勢。

主管不是壞脾氣，而是「今天情緒滿到臨界點」

你是否碰過主管好像跟誰講話都會開火的日子？請接受這個現實——不是每個主管都會情緒管理。

壓力大的時候，他們的焦躁、怒氣，會在下屬身上「外溢」。

而你要做的，不是當出氣筒，也不是硬碰硬，而是：

如何快速辨識狀況、避開危險語句、用「**穩定語言**」保住自己，也救場局勢。

如何辨識「今天這位主管，不宜硬碰」？

辦公室不是寺廟，門邊沒有籤筒可以抽，但是只要你稍微察言觀色，你也可以「自我解籤」。

警訊一：聲音比平常大，語速加快

說話夾雜「急、重、快」的語氣，代表他急躁中帶怒氣。

警訊二：講話不給你補充，連續拋問題

他想要「發洩」，不是眞的要聽答案。

警訊三：無視你解釋，直接下指令

這時你說越多，他越覺得你在「找藉口」。

穩住局面的三種說話策略

當你看出主管情緒狀態不對，你在開口之前就要三思而後行，並且注意三種說話策略。

①不硬碰、不反駁，先讓情緒流過

當他說：「爲什麼還沒做完？」

你不要說：「我有在做啊！」（聽起來像頂嘴）

改說：

「我明白您現在很急，我這邊會馬上處理完，稍晚回報給您最新進度。」

這樣說，你要表達的意思其實是：❶認同主管的「情緒狀態」；❷不討論「責任歸屬」；❸保住現場氣氛，等他冷靜後再談細節。

②避免三句「火上加油」的禁句

・「你昨天不是說不用急嗎？」→感覺像是在打臉主管

．「我覺得你誤會我的意思了。」→聽起來像在推責任

．「可是我昨天有問你，你沒回啊。」→把錯丟回去，是引爆器

你可以把句子調整成：

．「可能我理解上有落差，這邊我重新整理一次給您確認。」

．「這件事我來補強，確保不會再延誤。」

．「您提醒得對，我會馬上調整。」

這樣做的目的是：❶先穩住局勢，再補事實；❷主動示弱，但不低聲下氣；❸留下「有處理、有改進」的形象。

③結尾拋出「轉圜語句」，讓對話有出口

例句：

「今天這邊我先加快處理，晚點如果方便，也想請您再幫我確認一下細節，確保方向一致。」

這種說法是暗示：❶這件事是雙方協作，不是單方面疏失；❷把話題拉回「任務與解決方案」；❸讓主管感覺你不是硬扛，而是主動解決。

後續怎麼補救？

記住以下兩件事，你還可以協助「爆炸主管」收尾。

①當天不要急著主動「聊剛剛的事」

主管一旦冷靜下來，可能也知道自己剛剛太激動，你不需要馬上去說：「你剛剛是不是不太開心……。」那只會讓場面再次變尷尬。

②隔天補一句「非對抗性」確認

「我昨天的處理方式還有沒有需要修正的地方？如果您覺得可以更有效率，我這邊可以再調整。」

這樣做，❶不是翻舊帳，而是做事後溝通；❷提醒他：「我有在改進，也願意聽你的想法」；❸穩定印象，也爲未來互動重新鋪路。

逢凶話吉TIPS

你無法改變主管的情緒，但你可以決定自己的應對方式。

當情緒來襲，不用辯解、不用對抗。

用理性降溫，用語言自保，就能穩住場面，也守住自己未來的信任分數。

31

你以為是升遷，別人卻當成你的墳墓——如何處理職場嫉妒

Q

同事說：「你現在升職了，我們講話是不是都要小心一點啊？」你該怎麼回？

A.「哈哈，不用那麼敏感啦，反正我也只是掛名而已啦～～」

B.「對啊，現在我是你們的主管，以後開玩笑要看場合囉。」

C.「你放心啦，我還是我，如果我真的哪天變了，你再幫我敲一下頭。」

A 正解是C，這樣說化解尷尬、有自嘲、有幽默、不裝模作樣，但也不失態度。

升遷後可能會遇到的人際關係挑戰

升職之後，與同事的關係有所轉變，你可能會碰到下面兩種「現實」。

①你升職了，但氣氛變冷了

你被提拔爲部門副主管。升遷名單公布當天，主管握住你的手說：「未來部門要靠你了！」你笑得開心，腦中也盤算著該怎麼帶領團隊更上層樓。

但一轉頭，同事小張露出一個奇妙的表情：「哇～～你眞的升上去了，恭喜啊，現在是我們的上司囉～～」語氣聽起來像恭喜，其實四周瀰漫的氣息比冷氣還冷。

接下來幾天你發現：

・以前的「固定午餐團」突然少了你。

・原本和你要好的同事，在會議上對你的意見開始「多所保留」。

・有人開始對你說：「這是你現在該負責的了，我就不多說了。」

你明明升遷，爲什麼卻感覺像是突然失去了一切？

②你升職了，但別人未必替你開心

職場升遷不是你一個人的光榮，它會改變整個「人際重力場」。

對某些人來說，你不是變強，而是「變成他們上面的那個人」。

這不只是職務改變，更是一場人際重新洗牌。

所以，你得學會三件事：

1.看懂誰是朋友，誰是競爭者。

2.決定要不要示弱、要怎麼展現領導力。

3.思考怎麼樣化解冷淡，重新建立合作關係。

第一步：區分「真正的朋友」與「競爭者」

在你升遷前後，你會看到一些「態度微調」的人。

類型一：誠心祝福的人

這些人會說：「你升上去，我們都很開心，有事需要我支援就說！」

這樣的同事可以放心交流、爭取當左右手。

類型二：表面祝福，實則疏遠的人

常出現語句：「以後就靠你罩我們了~~」

背後的意思其實是：「你不再是我這邊的人了。」

對這些人要保持距離，但不能對立，要逐漸再建立信任。

類型三：開始計較功勞與分工的人

這些人會說：「當初這案子我也有貢獻，但現在好像都歸你了？」

這代表他覺得不公平，**請先肯定他的價值**，再設法重新分配能見度。

第二步：示弱或展現領導力？升遷後的三招語言策略

在「示弱」與「展現領導力」之間，你必須適時拿捏，有三種策略。

①適當示弱，降低防衛感

初期不需高姿態展現「我有領導力」，反而要釋放出「我還需要你們」。

說話方式請轉換成這樣：

「這是我第一次接到主管職務，還在摸索怎麼帶領團隊，希望大家多提醒、多協助。」

重點是展現出三個態度：❶顯得謙遜；❷不挑戰舊有關係；❸留下與對方合作空間。

象。

②分功勞，不搶舞台

如果一個案子成功了，這個時候先不要說「我們團隊做得不錯」，請你說：「這次要特別謝謝B的支援，還有C臨時幫我救火，才讓進度順利完成。」

表態的重點在於：❶具名點讚；❷公平分配榮耀；❸建立你「會照顧人」的領導形象。

③帶風向，不踩立場

遇到冷眼旁觀的同事時，不必急於拉攏，只需要用「正能量語言」持續展現你不是來當主管，而是來促進大家更好合作的人。

例如你可以這樣說：

「我現在比較關注的，是大家能不能做得比較輕鬆，而不是我自己做得漂亮。」

第三步：主動破冰、建立信任、調整關係三部曲

你跟同事的主被動關係，也可以主動、明確地界定。

①主動破冰：重新對話

找一兩位態度微妙的人，用「不硬、不尷尬」的方式拉近距離：

「我知道最近我的角色有點變化，難免有些不習慣，有什麼地方我沒注意到的，也歡迎你直接講，眞的。」

讓對方知道：你不是被權力沖昏頭，而是還記得大家是戰友。

②建立信任：做「好主管」前，先做「好同事」

多問、多聽、多支持，而不是多指揮。

與其下命令，不如說：

「這個流程我覺得你最清楚，你覺得要不要這樣處理？」

讓別人感受到：「雖然他升了，但我們還是可以合作。」

③調整關係：該拉近就拉近，該設界線也設界線

對於嫉妒心太強、處處挑刺的同事，不需要卑微地去討好，但也不要正面對沖。

請你用這樣的回應保護自己：

「我知道你可能對這次安排有不同想法，如果覺得我哪裡做得不好，可以直接跟我說，我願意調整，但希望我們還是以事情爲優先。」

記得，你的態度要非常堅定、有原則，表明不搞鬥爭，但也不當受氣包。

逢凶話吉TIPS

升遷是你的成就，但怎麼說話，才是你真正的領導起點。

成為主管，不是拿到權力，而是開始一段新的人際關係經營。

不必刻意證明自己，而是讓別人願意相信你。

贏得位子，只是一時；贏得信任，才能走得長遠。

32

提出建議，讓對方不覺得你在批評——如何給出建設性回饋

Q

下面哪一句話，最適合在同事簡報後作為回饋？

A.「你簡報太無聊了啦，沒人會記得。」

B.「其實我覺得你講得還好欸，有點空泛。」

C.「我覺得很不錯，結尾段如果有個實例會更強，不過你的前半段很清楚～～」

A 正解是C，這樣說先給鼓勵，再補強建議，還提供具體做法，聽起來讓人更願意接受。

你是好意，卻讓對方「冷下來」

延續前面的同事簡報場景，如果你看到同事的簡報做得有點混亂，出於關心，而在會議結束後對他說：

「那個……你剛剛的報告其實邏輯可以再清楚一點，不然主管可能會聽不懂。」

你說得很誠懇，但對方表情一變，點點頭說「喔好」，接下來兩天都沒再找你說話。你心想：「我是幫他啊，怎麼他好像對我反感了？」

這不是你的問題，而是**你沒注意到，回饋就像一把刀，語氣對了是雕刻藝術品，語氣錯了就變成傷人的利劍。**

「我只是給建議」常常是讓人難堪的開場白

提供意見時說「我只是給建議」，你也許是出於善意，但對方聽到的可能是：

- 「你覺得你比較厲害？」
- 「你又不是主管，幹麼管我？」
- 「你就是在挑我毛病吧？」

特別在職場中，人們對「回饋」這件事有很高的防備心。

三個原則，讓你的建議「不中傷，還有用」

眞正厲害的人，懂得怎麼讓回饋變成「禮物」，而不是「批評信號」。

原則一：態度中性，不急著下判斷

請你不要一開口就說「你這樣不對」、「你這裡寫得不清楚」。

請先用描述事實的語氣開場：

「我看到你用了這個架構，內容很豐富，我在看的時候有一點小卡住的地方，想說一起討論看看要不要換個排序？」

這樣講的關鍵是：❶沒有批評；❷有合作感；❸是邀請而非指正。

原則二：使用「三明治法」——讚美↓建議↓鼓勵

「三明治法」是一種讓人容易接受的經典技巧，例如這樣說：

「你的開場白很自然，聽起來很放鬆，整體流程也很順，我覺得結尾那段如果再加個小重點提醒，會更有記憶點。你最近真的進步超多的，很棒！」

這樣的描述方式有兩個重點：❶前面給糖，中間說重點，最後再加點鼓勵；❷讓人接受建議的同時，也能提升自信。

原則三：講「行為／結果」，而不是「個性／感受」

請你不要說：「你這人講話都太急了。」

請說：「那天你報告時講得比較快，有兩位同事後來沒聽清楚關鍵數字，這樣有點可惜。」

也就是「聚焦在**行爲和影響**，而不是對個人下標籤」。

進階技巧：用「提問式建議」引導，而非命令

有時候，比起你告訴他「該怎麼做」，**更有用的是問他：「你怎麼看？」**

範例：

「如果你下次想讓重點更明確的話，你會怎麼安排順序？還是我們可以一起來拆一下段落，看有什麼可能？」

這會讓對方：❶沒有被命令的感覺；❷覺得你是站在「和他一起解題」的位置，而不是「對他指手畫腳」。

如果你想讓建議眞的被聽進去，請加上這三個動作。

①換個環境再說（私下比公開好）

會後約他喝咖啡、走到茶水間小聊。

避免在眾人面前說「你應該怎樣怎樣」，他脾氣再好也會防備心大起。

②用「過來人」經驗包裝

「我之前也有遇過這種狀況，我那時候是……你要不要試試看這樣做？」

這樣說表示這不是「你做錯」，而是「我也曾經搞砸，但這樣做後改善了」。

③給他選擇，而不是壓力

「如果你有興趣，我有一版之前的好用模板，你可以參考看看。」

意思是對方願意用就用，不用也不會覺得你在「強迫修正」。

逢凶話吉TIPS

真正厲害的建議，是讓對方「覺得被尊重」，而不是「被糾正」。你說的不是「你做錯了」，而是「我想幫你更好」。

這種說話方式，才有力量，也會讓你成為那種：

「說了別人會聽，聽了別人會改，改了還會謝你」的溫柔影響者。

33

主管對你的態度變了，這是好事還是壞事？

——如何判斷潛在風險

Q

如果主管突然頻繁關心你，你該怎麼反應比較穩妥？

A.「主管最近是不是對我特別有期待？」

B.「我會再加把勁，不辜負您的看重！」

C.「謝謝主管提醒，我會再把目前工作穩住，也看看哪邊能再多支援。」

A 正解是C，這樣說展現成熟、願意負責任的態度，不過度膨脹，也不流於客套。

以前你是空氣，現在他突然對你笑了

你一直都很低調，平常在部門裡不是特別被看見。主管以往對你也只是點頭之交，說話很簡短。

但最近不一樣了：

·每次開會，他都會點名問你的意見。

·路上遇到還會主動聊兩句：「你最近工作量還好吧？」

·甚至在內部提案時，直接幫你講話：「我覺得這個方向小吳講得不錯。」

你心裡當然是開心的，但又有點不安——這樣的變化，是因爲你眞的被看見了？還是因爲風向變了？

主管變了，不代表他變「喜歡你」，而是他「需要你」

主管對你的態度出現轉折，往往意味著背後有動機。這個動機不見得是惡意，但你得看清楚三件事：

1. 他爲什麼突然對你好？
2. 你現在的角色，是「自己升級」還是「被利用」？
3. 這份關注，帶來的是機會還是風險？

在職場中，一切態度的變化，**都不該只看表面，而要拆解脈絡**。

為什麼主管的態度會變？

事出必有因，主管態度會變，通常有三種常見情境。

①風向變了，你成為「策略聯盟」對象

主管跟你「變熟」，可能是因爲他跟某人交惡，而你剛好跟那人不熟。也就是說：敵人的敵人＝臨時朋友。

這種情況下，他不是特別喜歡你，而是「目前想跟你保持友好關係」來取得資源、對抗風險、拉攏人心。

②你做的案子剛好是他要的籌碼

主管最近在對外爭取曝光、搶資源、爭取升遷，你負責的某個案子，正好成爲他的戰略工具。

他對你好，是因爲你是「資源的搬運工」。等案子結束後，如果你不再有價値，關係也可能迅速降溫。

③他正在觀察你是否值得提拔／拉進核心圈

這是少數眞正正面的狀況。他可能眞的注意到你的能力，正在試探你的合作度與成熟度，看你是否能成爲「他未來想要信任的人」。

這時你要把握機會，但別得意忘形。

變化背後的「利益與風險」

如同前面所說，主管態度出現變化，原因有可能好、有可能壞，怎麼判斷？請注意以下三個角度。

①觀察「變化的時機點」——這是主動還是戰略操作？

・如果主管最近跟某些人疏遠，而你被拉近→屬於戰略操作，須小心。
・如果你剛完成一個大案子→屬於籌碼效應，要確認關係能否延續。
・如果整體氣氛沒變，但你變得更被器重→屬於信任累積的成果，則可以小心經營。

②試探性互動——讓他「表態」

你可以透過反向確認，來看他是不是眞的要提拔你。

「主管，如果這案子有機會延伸到外部簡報，我這邊也可以協助彙整資料或說明細節，不知道會不會需要我一起出面？」

如果他點頭支持、甚至讓你曝光↓他是眞的想提拔你。
如果他閃爍其詞、自己接手↓他可能只是「利用你的產出，但不想分享功勞」。

③保護好自己的「人際空間」與「資源風險」

如果你發現他對你好，其他同事卻對你變冷了，請注意——
你可能正被標記爲「主管的寵兒」或「特定陣營成員」。
這時你要做三件事：

1. 主動對其他人釋出合作善意。
2. 公開場合多用「我們團隊怎麼做」，少說「我怎麼做」。
3. 不要把主管的好意解讀成特權，而變得姿態驕傲。

你要維持「團隊合群」與「主管信任」的平衡。

那如果主管對你變冷淡了，怎麼辦？

反過來說，當主管對你態度變冷淡，你也不能過度解讀。

先觀察是不是你最近：

・有些事情沒回報清楚。

・被誤會態度不好。

・跟他關係比較熟的同事之間有摩擦。

這時，請你這樣說：

「最近感覺您好像有些忙，我這邊有些回報的進度可能沒即時到位，不知道有沒有哪邊需要我再補充？」

說話關鍵：❶不指控；❷不自責；❸給對方一個「解釋冷淡」的機會，也讓他知道你有意識到變化。

逢凶話吉TIPS

主管的態度會變，重點不是變好或變壞，而是你怎麼理解這個「變」背後的意義。

成熟的職場人，會從細節中觀察權力動態，**在被拉攏時保持清醒，在被冷落時穩住節奏。**

不靠攏、不討好、不焦慮，你只要做一件事：**站穩自己的專業，別被關係牽著鼻子走。**

34

錯誤無可避免，但別讓它毀掉你的職涯
——如何坦誠面對失誤

Q

下面哪句話最適合在主管發現錯誤前主動回報？

A.「報告有個地方好像……可能……我不太確定是不是我錯了啦……。」

B.「我剛剛看錯數據，報表中有誤，是我疏忽，現在已經進行修正，稍晚會補上新的版本。」

C.「那個……其實是行銷部提供的資料，我只是轉貼。」

A 正解是B，這樣說清楚承認、簡明處理、語氣穩定，是主管最願意接受的坦白方式。

報錯數字的你，不知道該不該說出口

你剛剛才發現，在上午開會時提供的報表裡，有一個轉換率的數據輸入錯了——本來應該是8.6%，你打成了86%。

主管當場誇獎：「這轉換率很漂亮，行銷部這次終於表現出色！」

你沒吭聲，手心冒汗，腦子裡不斷上演兩種劇情：

・【劇情A】：等主管自己發現，他會以爲你蠢。

・【劇情B】：你現在自己承認，他會立刻翻臉。

然後你開始自問：

「這種時候該裝傻，還是該主動坦白？錯誤都已經發生了，說出來是不是更糟？」

但你心裡其實知道：

眞正糟糕的，不是犯錯，而是把錯誤拖到變成信任危機。

在職場中，犯錯不可怕，可怕的是你處理錯誤的方式。你永遠無法保證絕對零失誤，但你可以決定——

當你犯錯時，你的反應，會讓別人更信任你，還是對你失去信心。

所以，只要你依照後面所述——搶先承認、用黃金三步驟補救，以及扛下該扛的責任，如此不但能化解風險，還能讓主管反而更放心把事情交給你。

為什麼錯誤要「搶先承認」？

基於以下兩個理由，「先認錯」一定是比較好的做法。

①你越晚說，問題只會變得更大

你以爲主管沒發現，但他總有一天會知道。

當他發現的那一刻，他會不只是生氣你弄錯，更會懷疑：「你是不是故意不說？」而這句話，比任何錯誤更致命，因爲它打的是「人格分數」。

②錯誤本身不可控，但處理態度可以讓你翻身

有時候，你的處理方式，會直接決定主管對你的判斷。

如果你這樣開場：「主管，我剛剛發現報表裡有一個轉換率數字我誤植了，是我的錯，我已經更正，也重新跑了修正版，等下就會送上來，並且也列出一份預防清單，下次不會再發生。」

主管也許還是會皺眉，但他會想：「至少你是會處理的人。」

補救錯誤的黃金三步驟：承認、補救、預防

犯錯並不可恥，重點在出錯之後，怎麼樣迅速讓事情回歸正軌，補救的黃金三步驟如下。

①承認：但不要情緒化，說重點

不要用「我真的好笨喔」或「我昨天太累了才會……」這種話。

你不是要尋求原諒，而是要證明你**有責任感**、**有能力面對後果**。

正確語言：

「這是我在確認版本時沒再跑一次交叉比對，是我的疏失。」

此時的表達重點：❶坦白；❷精準；❸不甩鍋；❹沒有多餘情緒。

②補救：並清楚說明你的行動方案

不要只說「我會改」，主管聽不見計畫只會更煩躁。

請說出**具體步驟與時程**，讓他知道你正在處理。

例如：

「我已經通知行銷部更新資料，會在下午三點前送修正版給您，客戶那邊也會一併說明我們的更新與致歉。」

一定要強調的部分是：❶表示進度；❷有處理力；❸讓主管知道「這件事在你手上是安全的」。

③預防：再次建立信任感

錯誤發生了，要怎麼避免下次再犯？

這一步是讓主管知道：你不是一次又一次會出問題的人。

語言範例：

「我也建立了一份檢核表，之後交件前會跑自我稽核流程三項重點，我下次會主動讓您確認。」

這時候，主管的心裡其實已經想：

「好吧，他知道怎麼收拾、怎麼負責，沒事了。」

如何在「團隊錯誤」中自保，又不甩鍋？

有時候錯誤並非你個人，而是整組的流程問題。

你不能一句「這是行銷部弄錯的，不關我事」就撇清，這會讓你在團隊裡被看成不願扛責任的人。

正確說法：

「這份報表是我這邊整合彙整，我沒有發現行銷部提供的數據有誤，是我沒做好交叉檢查，我會負責補救，後續也會協調兩邊再做一次交接檢核流程。」

這個說法要強調的重點是，你已經做到該扛的扛、該補的補、該協調的協調，所以：**你不是「錯的人」，而是「有能力解決錯誤的人」**。

逢凶話吉TIPS

錯誤不會毀掉你，但逃避錯誤，會讓人對你失去信任。

真正成熟的說話術，不是只表現完美，而是當你犯錯時，**知道怎麼承擔、怎麼補救、怎麼讓主管更放心把事情繼續交給你。**

你不能保證不出錯，但你能保證：**錯誤發生時，你是那個可以「扛得住、改得快、學得深」的人。**

35

不需要高調，但你需要被記住——如何用低調的存在感提升影響力

Q

當你不想搶風頭，但又想有點表現的時候，你會怎麼說？

A.「大家都講得差不多了，我也不多說了。」

B.「我覺得這案子如果延後一週，會讓行銷部比較充裕，我們要不要確認一下對接時間表？」

C.「我還是覺得應該照我的版本來，不然會出錯。」

A

正解是B。這樣說低調、有建議、有顧全團隊，是讓你說得少但得分高的典型語句。

你總是最安靜，但也最容易被忽略

每次部門會議，你總是坐在靠邊的位置，安靜聽大家發言。

你其實觀察很細、想法很成熟，但你不想在每個議題都搶著表態，因爲你覺得「沒必要爲說話而說話」。

但你漸漸發現：

- 同事開始跳過你去問其他人。
- 專案分配時你總是「默默負責支援」，而不是「主導方向」。
- 主管也很少主動找你討論決策。

你開始懷疑：

「是我太低調了嗎？還是我眞的不夠重要？」

不是你不重要，而是你**沒有讓自己被記住**。

安靜的人，也可以成為最被信任的那一個

「存在感」不是靠音量堆出來的，而是靠你**在正確的時機，說出最正確的話、做出最穩的決定**。

所以，如果你自認個性內斂、不愛爭話語權，反而要學會：**用低調但高效的存在感，建立你的影響力**。

這篇，我們來講三件事：

1. 如何靠專業累積影響力，而不是靠人脈與表演。
2. 如何用一句話，在關鍵時刻讓人記住你。
3. 如何以「高品質提問」主導對話，而不是靠發表長篇大論。

第一步：專業讓你穩定，可靠讓你被記住

所謂「說得多不如說得巧」，**職場真正的記憶點：不是「誰講最多」，而是「誰總是能解決問題」**。

你可能話不多，但請確保：

- 你提出的建議，是有邏輯、有解方的。
- 你回的每一封信，都有條理、穩定、讓人放心。
- 每次專案卡住時，你能說出：「我查了幾個可能的處理方式……。」

這叫作：「一貫的可靠。」

不花俏、不喧嘩，但主管一有難題，第一個想到你。

靠能力「被需要」，就是最強大的存在感。

第二步：如何在不搶戲的情況下，說話被重視？

下面這兩個做法，你一定要記得。

①精準發言，讓一句話比十句更有力量

低調的人，在會議上常常只是聽，不發言，但你可以改用「關鍵性發言」來創造記憶點。

例如：

「我不多說流程細節，但提出一個問題：我們現在的進度是否已經偏離了原先的關鍵目標？」

「我有一個觀察，我們目前的數據回報點，可能沒有抓到眞正影響客戶行爲的那一段。」

你沒講很多話，但大家都記得你說了「關鍵的話」。

因爲，你的問題精準、切入角度不一樣，且能馬上引發主管與團隊的思考。

②補位型發言，幫助團隊收尾

很多低調者不想「插嘴」，但你可以選擇「收尾」。

例如會議尾聲時：

「我簡單整理一下目前的共識：第一，我們下週會先跑A測試；第二，C會準備備案；第三，報告初稿週五確認。這樣說可以嗎？」

這樣說的效果是：❶幫大家收斂共識；❷幫主管減壓；❸順便建立「你掌握全局」的印象。

高品質的提問，勝過任何長篇發表

安靜的人若懂得提問，反而可以輕鬆主導討論。

我再提供三種「低調但強力」的提問法：

①訊息抽絲法（用來讓主管知道你有洞察）

「我們目前的策略主要針對轉換率提升，但流失率的部分，我們會不會低估了它的影響力？」

②落點聚焦法（用來引導團隊決策）

「目前我們有A、B、C三個選項，但大家比較傾向哪一個方向？要不要先收斂一輪？」

③風險提醒法（讓你看起來成熟、穩定）

「這個方案我覺得方向正確，但後續我們應該怎麼處理出錯的容錯空間？」

這些提問，都能展現你「站在全局看問題」，而不是只顧自己那塊工作。

進階提醒：用說話建立「沉穩型信任感」

低調不是無聲。

你可以在以下三個場域，練習有質感的存在感。

①群組裡留言

別只回「好」，而是回：「收到，我預計週三給您初稿，有變動會提前說明。」

②一對一討論時

不要只點頭，請回一句：「我理解了，我再想一下怎麼處理比較不會打擾其他部門。」

③會議後跟進

開完會，主動補一句：「剛剛有一段我想得不夠周延，我後續再補個備案給您參考。」

這些都是你不需高調卻會被記住的關鍵時刻。

逢凶話吉TIPS

不需要高調，但你一定要讓對的人記住你。

低調不是躲在角落，而是在關鍵時刻講出有重量的話。

靠專業讓人安心，靠說話讓人看見，靠穩定讓人想提拔。

真正成熟的存在感，不在聲量大小，而在於：

一開口就讓人知道——你值得信任。

36

離職，不只是換工作，更是為未來鋪路——如何優雅告別

Q

你覺得下面哪一句話最不該在離職時說出口？

A.「這裡真的讓我成長很多，謝謝你們一路以來的幫忙。」

B.「我最近有新的機會，覺得可以嘗試不同的挑戰。」

C.「其實早就想走了，只是最近剛好有機會，真的是解脫。」

A

正解是C。這樣說你當場講爽了，但日後名聲會比離職通知還快傳千里。

你想提離職，但不知道怎麼開口

最近你收到一個新機會，職務升遷、薪資調整都令人滿意。你知道，是時候離開現在的工作了。

但你心裡七上八下：

- 要怎麼跟主管開口，才不會讓他覺得「我背叛了團隊」？
- 要不要跟同事說清楚原因？還是保持低調就好？
- 最怕的就是離職時說錯一句話，毀了多年來的形象。

你想離開，但不想留下「很會做事，但做人失敗」的評價。

所以這篇要教你：

如何用說話的藝術，好聚好散，讓離職不只是結束，更是你專業生涯的加分收尾。

離職是門學問，說得好，才是真高段位

你要知道：

職場的交情，不只是「在職時」的合作，更是**離開後還能不避不閃、彼此尊重的關係**。

離職處理得好：

・老東家會在未來提到你時說：「這人值得推薦。」

・同事離開後還願意互相拉一把。

・未來某天你遇到老主管，也能正大光明打招呼，不用閃躲。

圈子比你想像的小，說再見的方式，也會成為你的人設名片。

打造「成熟、體面、有風度」的離職溝通

只要注意三步驟，就算要離職也能好好溝通。

①與主管談離職，請記得「三不原則」

1. **不批評公司制度、主管風格、同事行爲**

即使你內心OS再多，也請統一口徑：

「我這次的離職比較是因爲個人生涯規畫方向，希望往另一個產業（角色）學習成長。」

2. **不急著說「外面給得比較好」**

這會讓主管覺得你在拿新東家來踩舊東家，徒增不悅。

請你改說：

「我評估了一段時間，這是個新挑戰，也希望未來能有機會學以致用，帶回來貢獻。」

3. **不情緒化、不指責誰是誰非**

離職不是吐苦水的時刻，是展現你「能始能終」的時刻。

②與同事說明去留，請保持「低調＋感謝」

．公開場域只說「自己有新的規畫方向」。

．不要八卦式評論自己爲何離開。

．對於過去的團隊協作，請主動表達感謝。

例如：

「眞的很感謝這段時間跟大家共事，很多細節都是在你們身上學來的，希望未來還有機會再合作，也祝你們接下來的專案順利！」

總結成熟的離職發言三大原則：

1. 感謝式離職，是一種成熟語言。
2. 不多解釋，不傷感情。
3. 把「關係」留給未來，而不是留在過去。

③交接過程展現你「最後一哩的專業」

離職不是斷開關係，而是「交棒」。

交接細節做到好，未來還能讓主管懷念你三年。

請記得：

1. 主動寫交接清單＋可行對應人名單。
2. 標註正在進行中與尚未完成項目。
3. 提供替代處理方案或資源建議。

語言範例：

「這幾項工作中，A項可以交由K協助延續，他之前就熟悉；B項目前進度到50%，我有列出需要補件的部分。」

「離開前我還會在內網更新工作流程SOP，這樣之後比較不會斷鏈。」

這樣做，會讓人感覺你不是拍拍屁股走人，而是「轉身，但留下心意與責任感」。

最後一天怎麼說再見，才剛剛好？

最後一個工作日，你可以寫一封簡單、真誠、不油膩的「離職信」或「交接感謝信」，範例如下。

主旨：交接説明與感謝

各位同仁：

很感謝這段時間有機會和大家一起共事。從專案到日常合作，我學到很多，也非常珍惜大家的支持與協助。這週五是我在公司的最後一天，接下來的相關事務，已附上交接清單整理給對應窗口，有任何後續問題也歡迎聯繫我（附上私人信箱或社群帳號）。

祝福各位未來順利、身體健康、事事順心！

誠摯感謝

小雅　敬上

這封信不需要長篇大論，但它展現的是你的**風格**、**修養**、**餘韻**。

逢凶話吉TIPS

你怎麼離開，決定別人將來還想不想找你合作。

成熟，不是忍住不說壞話，而是懂得留一點風度與溫度，為自己鋪一條未來可走的回頭路。

離職不是逃跑，而是升級；說再見，也是一種說話力的極致體現。

PART 4

真正聰明的你，這樣讓自己升遷

升遷不是靠努力，而是靠策略，
讓自己成為關鍵人才。

37

貴人不會主動幫你，除非你學會開口
——如何巧妙請求機會

Q

想讓副總知道你有意願參與跨部門專案，你會怎麼說？

A.「副總，我最近想爭取一些表現機會，如果您有新案子可不可以安排給我？」

B.「副總，我觀察到貴部門在B專案的協調節奏很值得學習，我最近在練習橫向溝通能力，如果有需要協力的任務，也很樂意一起參與看看，能多學一些是一種榮幸。」

C.「我什麼都能做！只要給我機會就行！」

A 正解是B。這樣說穩重、展現學習心態、又不給對方壓力，是讓人「願意幫你講話」的典型話術。

你一直在等機會，但機會從沒來過

你很努力，也很認眞。主管曾經在尾牙上說你是「部門裡最穩的角色」，同事也常說你「能力很好，總有一天會被看見」。

但問題是——**那個「總有一天」從沒來過**。

你開始懷疑：

「我是不是不夠好？還是我不夠幸運，沒有貴人提攜？」

但事實上，你只是少做了一件事：**主動開口**。

因爲——**貴人不是你心裡想的那個人，他是「你讓他願意幫你」的人**。

為什麼很多主管不主動幫你？因為他不知道你要什麼

在忙碌又高壓的組織裡，主管與高層通常有這三種心態：

1. 沒說，代表還沒準備好。
2. 沒講，代表他也沒那麼在意。
3. 我不想主動找麻煩，誰開口我才幫誰。

所以，當你什麼都不說，主管就會默默地把機會，給了「比較敢講」的那個人。

這篇，我們就來拆解：

1. 爲什麼開口不是求，而是讓人放心幫你？
2. 如何用「請教」的方式開場，不讓人有壓力？
3. 讓貴人喜歡你的三個說話技巧。

第一步：改變心態，學會「開口不是討，而是釋放訊號」

許多人才不敢開口，是因爲怕這三件事：

・怕被拒絕。
・怕被認爲「功利」。
・怕被覺得「不知分寸」。

但你要記住：

開口不是索取，而是讓對方知道：「我準備好了，如果你願意，我很感激。」

讓機會來找你之前，你要先把「接球的手勢」舉起來。

這叫**職場中的非語言暗示——有準備、有期待、有分寸。**

第二步：三種「讓貴人願意幫你」的開口方式

想要「人助」之前，必須先「自助」，以下爲三種開口的技巧。

①請教式開場：把對方放在「導師位置」

人最容易幫助誰？

答案：幫助讓他覺得自己「重要」的人。

你可以說：

「主管，我最近開始在練習簡報統整，也想了解您當時是怎麼從專員轉為儲備主管的。有什麼觀察重點是我現在可以開始準備的嗎？」

這裡請注意三個重點：

1.展現主動。

2.給他「你是值得學習的人」的角色。

3.引出話題，不用自己提升遷。

很多貴人就是這樣養成的——**不是你請求他幫，而是他主動想幫你更多。**

②準備式開口：給對方安全感

你可以這樣說：

「我知道儲備主管的要求很多，我不敢說自己已經準備好，但我最近開始主動接小型專案，也在練習人際協調的部分。如果未來有類似任務，我很想試試看，失敗了我也會負責處理好。」

這種語氣叫作**「承擔型溝通」**——不裝熟、不強求，但展現你：

・有意願。

・有自覺。

・有負責任的態度。

這才是主管最喜歡投資的對象。

③倫理式引導：讓對方覺得「幫你是合理的」

當你找跨部門長官或資深同仁時，不要說：「你能不能幫我推薦一下。」

請改說：「我一直覺得您在策略面切得特別準確，這次我們的案子其實也希望更接近這個水準。如果我能再跟您多學一點切角方式，也許有天能更貼近您這種思維，那對我來說就很寶貴了。」

這種**「仰角＋目標導向」**的請求語言，有三個特色：

1. 提升對方的心理地位。

2. 展現你不是求，而是敬重。

3. 讓對方幫你是「順水推舟」。

第三步：讓貴人喜歡你，靠的是「不讓他為難」

你開口了，機會就開始靠近你。但你還需要做到：

不黏、不急、不催。

開口之後，請你千萬不要天天去問：「我有機會嗎？」、「那件事怎麼樣了？」

請保持一個成熟的姿態：

「如果有需要我準備的，我這邊也都願意配合，其他就交給主管安排即可。」

這種語言會讓人覺得：

「你是會自己努力，不是只會等人拉一把的人。」

逢凶話吉TIPS

沒有誰天生是你的貴人，你要讓他有「願意幫你」的理由與動機。

真正的機會，不是來自等待，而是來自**讓人知道你準備好了，而且幫你不會有壓力。**

說對話，比說得多更重要；讓人願意幫你，比你主動爭還有力量。

開口，不是弱勢，而是給對方一個選擇相信你的理由。

38

他看起來沒你努力，卻升得比你快
——如何提升職場競爭力

Q

看到升職的是他而不是你，你應該說哪一句，才是最成熟的態度？

A.「這次名單很妙耶，不是我。」

B.「他應該是有認識人吧。」

C.「我會再觀察一下這次他做了什麼，也許有些地方值得我學習。」

A

正解是C，這樣說成熟、有反思、有自信，這樣的語言讓你下一次更靠近升遷名單。

你努力不懈，他看起來悠哉，結果他升職了

你每天都早到晚走、案子親力親爲。

他呢？每天準時下班、講話不多，偶爾還會在茶水間偷看手機。

然後有一天，升遷名單出來，他的名字在上面，你的名字卻不在。

你嘴上說：「沒事啦，他應該有什麼背景。」

但心裡很想吶喊：

「到底是哪裡出了問題？是我不夠努力，還是他太會演？」

先別急著懷疑對方有靠山，也別急著否定自己的價值。升遷這件事，從來都不是

「看起來」怎樣，而是你「讓誰看到」你做了什麼、你未來能做什麼。

有些人之所以升得快，不是因爲背景硬，而是因爲他們：

‧說話方式對了。

‧風格讓主管安心。

‧懂得讓自己的價值與影響力被看到。

所以，這一篇要教你：

1.如何用理性眼光看「升得快的人」？

2.怎麼拆解別人的升遷成功方程式？

3.哪些該學，哪些不學？怎麼轉化爲自己的競爭力？

先從「不酸」開始——升遷不是作弊，也可能是他做對了

每個人升得快的背後，都有原因，只是你還沒看懂。

不要把情緒花在猜測「是不是他認識高層」、「是不是主管偏心」。

因爲這樣想，唯一的結果是——你什麼都沒學到，只是更沮喪。

請換個角度問自己：

「他做了什麼，是我沒做的？」

「他讓主管看到什麼，是我沒展示的？」

「他的語言、反應、表現，有什麼地方值得我學？」

三個觀察點：拆解「升得快」的背後機制

同事升得快，也許有你過去沒注意到的地方，可從下列三點觀察。

①他是否懂得「主動對齊主管需求」？

有些人不是特別能幹，但他非常懂主管要什麼，會主動說：

「這個報表我先幫您整理成老闆那邊要的簡版格式，方便您應對明天的提報。」

↓他在意的不是完成任務，而是**協助主管順利上場**。

這裡面有兩個重點：

1. 你做得多，但他做得對。

2.他不是拍馬屁，而是用準確對焦贏得信任。

②他是否表現出「可被託付」的穩定感？

主管選人升遷，**不是挑最拚命的人，而是挑最穩定的人**。

有些人不多話、不衝第一，但他：

- 不遲交。
- 出手品質穩定。
- 問題少、回報清楚、好溝通。

↓這類人會讓主管產生：**「把事情交給他，我放心」**的感覺。

③他是否經營了「橫向聲量」？

升遷不只看主管怎麼想，還要看團隊接不接受。

有些人升遷不是因爲做事多，而是因爲：

- 常幫別人解釋流程。
- 在群組中發言有建設性。
- 被其他部門認爲「好合作」。

→他把自己經營成**團隊的橋梁，而不是單兵英雄**。

三步驟轉化自我競爭力策略

面對升遷快的同事的作爲，你應該做的是，學習該學的地方，不該學的參考就好。

①觀察背後邏輯，而不是表面行為

不要只看他「加不加班」、「開不開會」，要看他怎麼處理資訊、怎麼回應挑戰、怎麼取得支持。

②列出對方讓你驚訝的三個「說話或行為習慣」

例如：

・他常說：「我這邊可以幫忙整合一下。」

・他報告前會問：「主管這邊的重點要不要我先排好架構？」

・他私底下會提醒同事：「你這段會被誤會，我幫你講一遍。」

這些都是「加分習慣」，可以套用成你的說話模板。

③你不一定要變成他，但你要「升級出另一種成功模板」

職場不是讓每個人都變成「A型人」、「主管最愛的模樣」，而是要讓你成爲那個——**可以信任、能連結、有特色的人。**

你可以問自己：

「我的表現，現在在哪個環節還是無聲的？我可以從誰身上，學到怎麼讓聲音被聽見？」

逢凶話吉TIPS

別人升得快，不代表你輸了；你不升，也不代表你不行。

成熟的職場人，不是比較，而是觀察、學習、進化。

成功不是單一路徑，而是找到屬於自己的節奏與方法。

努力要用對方法，學習要挑對對象，成長要有自己的藍圖。

39

為什麼比你混的人都升遷了？——在職場默默做事該學會的事

Q

當同事說「你早就該升遷了」，你該怎麼回答？

A.「是啊，我早就該升了，主管根本看不見我。」

B.「唉，我也不知道為什麼，就繼續做事吧。」

C.「謝謝你這樣說，我也一直在觀察自己還能在哪些地方再進一步，期待下次能有機會被看見。」

A 正解是C，這樣說展現的是成熟、自信、穩定、有企圖心但不張揚的語氣。

你做得最多，但名字永遠不在名單裡

你總是第一個來、最後一個走，主管交代的事不只做完，還做得比預期更細緻。但升遷、加薪、表揚、專案主導權，永遠是別人的名字出現在公告上，而不是你。

你在心裡悄悄問了一句：「難道這世界眞的不是看誰努力，而是看誰會做樣子？」

你不是不服氣，只是想知道——

是不是這個職場，根本就不在乎腳踏實地默默做事的人？

殘酷真相：這不是不公平，而是職場運作的規則

請記住一個事實：

在職場裡，「會做事」只是基本功，**能讓人知道你「會做事」的人，才有升遷的資格。**

有些人升得快，不是因爲他「混」，而是因爲懂得三件事：

1. 怎麼做人，比怎麼做事更重要。
2. 高調不是張揚，而是策略性的展現。
3. 升遷是場可見度的遊戲，不是隱忍力競賽。

先釐清：你是怎麼被忽略的？

明明做了很多事，在長官面前卻很沒存在感，通常原因有三。

①只想把事情做好，不想管人際關係

你相信實力至上，以爲努力自然會被看見，結果卻在原地用力，別人已經走進會議室掌聲如雷。

②覺得自己講太多，會被說邀功

你害怕變成「太會表現」的人，於是凡事讓同事說、讓主管看、讓別人去爭。

結果主管看到的是：你沒聲音→你不在狀況內→你不值得升職。

③太會幫忙，卻從不主導

每個人有困難你都幫，幫到最後大家都依賴你，卻沒人覺得你是可以帶人的人。

結果你是部門裡最不可或缺的工具人，卻永遠不被拉進決策圈。

擺脫苦命標籤！三步驟逆轉策略

好在你是眞的有貢獻，所以要扭轉局勢，其實一點都不困難。

第一步：說出成果，但要說得剛剛好

不要默默地埋頭做完，卻什麼都不講。你可以學會這樣說話：

「這次的專案我負責整合部分，主要處理了客戶溝通和時程管控，過程中發現幾個痛點，我有先提早解決掉，不然會拖期。」

這裡的策略有三大重點：❶有具體內容；❷有判斷力；❸有對結果的貢獻，但不誇張、不自吹。

第二步：策略性曝光，讓對的人知道

你不需要站在舞台中央，但必須讓重要的人知道你在哪些地方有影響力。

方法如下：

- 主動爭取在部門報告中簡報一次。
- 遇到跨部門會議，幫主管整理簡報或補充一段背景說明。
- 跟主管一對一時，不只是彙報，也要順便說明你正在做哪些事情、學到哪些**關鍵知識**。

這叫作「不吵不鬧，但有聲音」。

第三步：精準出風頭，不讓人反感

所謂「安全地出風頭」，關鍵在於——**你不是要搶光芒，而是替團隊加光。**

你可以這樣說：

「這次進度能順利，除了我這邊整理流程之外，其實最重要的還是把細節補得很扎實，兩邊合作起來滿順的。」

在這裡的表達重點是：❶把別人一起拉抬起來；❷自己也被點名肯定；❸氣氛和諧、主管開心、團隊也能接受你升遷。

這樣的說話方式，**才是職場眞正的高段位表現。**

早下班不是真正的混，放棄表現自己才是

那些你以爲在「混」的人，可能其實在：

- 投資人脈。
- 拓展能見度。
- 鍛鍊溝通技巧。

・解決主管難開口說的麻煩。
你以爲他在偷懶，其實他正在投資「升遷所需的軟實力」。

逢凶話吉TIPS

職場不是看你多努力，而是看你能不能「讓努力被理解、被需要、被信任」。

腳踏實地、默默努力值得尊敬，但升遷的名單上不一定有你的名字。

想被升、被賞識，不是要你搶風頭，而是要你學會「適當地發光」。

不再悶聲苦幹的你，會走得更有價值，也更值得掌聲。

40

你只是好用，還是不可取代？——如何提升你的職場價值

Q

你打算提出調薪，但不想讓主管覺得你情緒化，該怎麼說？

A.「我最近真的壓力很大，也做了很多，主管應該知道吧，我想加薪。」

B.「我知道現在升遷和調薪不容易，我只是想了解目前我這角色的職級設定，大概在哪個貢獻層級可以往上走？」

C.「我還好啦，不加薪也沒關係，反正我也不是為錢工作。」

A

正解是B，這樣說成熟、有節奏、有框架，讓主管容易接球，也會把你當成「願意一起規畫未來的人」。

你被稱讚很多次，卻從沒被主動加薪

主管常說你很穩、很好合作，每次專案有難題都找你幫忙。你也總是盡全力完成任務、配合調度。

但你發現一件尷尬的事：

「我好像很『好用』，但從來沒人說我『重要』。」

每次你想開口談加薪，心裡又浮出一個聲音：

「現在說會不會太奇怪？我是不是還不夠格？」

其實問題不是你不夠好，而是——

你還沒有讓主管知道：「留住你」這件事，比「加你薪」更划算。

什麼是「好用」，什麼是「不可取代」？

在職場裡，「好用」通常代表三件事：

- 任勞任怨。
- 交辦即做。
- 不會製造麻煩。

這樣的你，會被主管「喜歡」，但不一定被「重視」。因爲你在主管心裡的潛台詞可能是：「這個人不錯，但萬一他走了……應該也找得到人補。」

但「不可取代」的人，主管心裡的語言是：「他走了會出事。我不想冒這個風險。」

所以要談加薪，你的起手式不是「我做的事可多了」，而是「公司如果沒有我，會有什麼問題」。

讓主管「自己說出口」

比起「去爭取加薪」，如果能讓老闆自己主動願意為你加薪，是不是更好？但……該怎麼做呢？

①先審視：你創造的是「成果」還是「價值」

成果是可替換的，價值才不可取代。

成果型工作者說：「我每週幫忙產出報表。」

價值型工作者說：「我主動串接報表、行銷數據和客訴回饋，讓行銷部重新設計投放邏輯。」

前者任何人都能做，後者只有你「主動＋整合＋提案」。

要談加薪前，你要整理的不是你「做了什麼」，而是你「解決了什麼」。

②建立「價值定位語言」：不講情緒，只講風險與利潤

請你練習這類語言：

「這半年我主導的流程優化案，平均每月減少了20%投訴與重工成本，也讓客服工時下降了40小時。這些成果其實也多虧您給我空間發揮，我當然也希望能更長期參與這類任務。」

這樣的台詞重點有三個：❶沒有要求；❷沒有哀求；❸讓主管自然聯想到「要留住你」。

③談加薪時，不要從「你」的需求談，要從「他的判斷」談

錯誤說法：

「因爲我最近加了很多工作量，所以想看看能不能調薪？」

正確說法：

「這段期間我試著多補幾塊部門橫向的環節，也累積了一些成效，我很希望能長期走這條線。如果主管認爲現在是適合的時機，我也很願意繼續投入。」

爲什麼這樣說比較強？

1. 把選擇權交給主管→尊重他的判斷。
2. 沒有明說「我想加薪」，但已在談價值。
3. 升高了你是「投資型人才」的定位，而非只要錢的員工。

什麼時候可以談加薪？

加薪其實不是隨時都好談，有三個最佳時機點值得把握。

①專案結束、貢獻顯現之後

例如你剛完成一個對公司影響深遠的案子，這時你可以說：

「這個案子能完成，很開心也累積很多經驗，我希望可以走更深的方向，未來也承擔更多核心專案。也想請教主管，我現階段有沒有值得加強的地方？」

這樣的說法是把自己擺在「成長vs投資」的天秤上，而不是陷入「付出vs回報」計較中。

②考核面談前後，適度釋出訊號

不要考核面談都說「沒問題都好」，等主管結束才來說：「我以為會加薪……。」

你可以這樣開場：

「我今年試著多學幾個橫向技能，未來想往更能整合、協調的角色發展，也想請教您目前部門對這塊的期待跟布局。」

這樣的對話，主管會理解爲：「他想往上走，要幫他設計空間。」

③部門調整或組織改組初期

這段時間最適合「讓自己被看到」，並鋪陳下一步的價值。

你可以這樣說：

「這次改組我這邊如果能補位也很願意，當然也理解這樣會增加負擔，我會同步提升流程熟悉度，請主管看哪邊我能多分擔。」

這種語氣，就是在說：「我可接位，也值得投資。」

逢凶話吉TIPS

你不是在爭一筆薪水，而是在傳遞這樣的訊息：

「我值得投資、值得留下、值得公司給予更多資源。」

「好用」的員工很多，「非你不可」的員工才會被主動挽留。

要被加薪，請先讓主管明白：你走了，損失的是公司。

加薪，不是獎勵你的努力，而是保護主管的風險。
說對這句話，比任何哭訴、委屈、要求，都來得更有效。

41

讓別人為你說話，比自己爭取更有力

——如何累積職場聲望

Q

想讓同事推薦你進下一階主管梯隊，你該怎麼說？

A.「你跟老闆比較熟，能不能幫我講一下？我真的很想升職。」

B.「這次我自己是有準備，也很希望能入選，但主要還是看主管評估，如果你覺得我表現還行，也謝謝你願意幫我多說一句。」

C.「這種事我不想麻煩別人，反正我努力就好。」

A

正解是B。這樣說成熟、有溫度、讓人樂於協助，這才是高段位的「被推薦力」。

升遷名單出來，你以為自己沒機會，卻意外上榜

你以爲這次機會渺茫，結果主管突然找你進辦公室說：「其實這次我們本來猶豫，但有幾個部門的主管都推薦你，說你做事穩定、配合度高，所以最後決定升你。」

你心裡一陣驚喜，但也好奇——

「我平常也沒特別做什麼，是誰替我說了這些話？」

答案可能是那個你曾經主動幫忙、在群組幫他解過套，或是開會時幫他補一句話的同事；也可能是你曾經在老闆面前，不動聲色地幫他說過一句公道話的主管。

在你沒發現的時候，你已經在職場裡，悄悄建立了一筆**人情存款**。

成熟的職場人，懂得把「聲望」變成升遷加速器

這世界上，有兩種成功方式：

1.大聲宣揚自己有多好。

2.讓別人自願替你背書。

後者的說服力，往往更強、也更持久。

你想被升遷？想被推薦？想被看見？

你需要的，**不是更大的聲音，而是更深的信任感傳遞**。

這篇，我們來講三件事：

1.人情存摺是什麼？你存了多少？

2.什麼時候該「存款」，什麼時候能「提款」？

3.如何讓別人願意幫你說話，甚至搶著幫你說？

什麼是「人情存摺」？職場關係的無形資產

我的新聞工作前輩、知名主持人李濤和李艷秋夫婦提過一個讓我印象很深的觀念：夫妻相處就像持有「感情存摺」，兩個人平日累積正面的互動、恩愛，就像是往戶頭裡「存款」，吵架時就是「提款」，只要「感情存摺」裡頭的錢是正數，兩個人就能相處下去，一旦變成負數，就會破產、關係破裂。

把這個概念延伸到職場，每個人對你也會有一本「人情存摺」，每一次你主動幫人、合理讓利、體諒對方壓力、公開稱讚同事，其實你就在做一件事：**讓別人在你的「人情存摺」裡加值**。

當大家對你的印象是：

- 跟你合作不難。
- 你願意替別人補位。
- 你處理事情總能顧及大家。

那麼，**當你需要支持時，他們會主動出來替你說話**。

這就是「人情存摺」的價值。

怎麼存款？三個實用說話技巧

想要在「人情存摺」中多多存款，是有技巧的，以下是三個訣竅。

①在適當時機稱讚他人，讓對方有面子

範例：

「剛剛那一段流程是小張幫我釐清的，他眞的看得比我細，才能做得這麼順。」

這樣的表達，你沒有降低自己，卻同時把對方「抬上來」，自然能在他心中加分。

②當對方被質疑時，你幫他說一句話

開會中同事被主管質疑時，你可以說：

「我補充一下，其實這個點我也碰到類似的問題，小張當時建議我調整做法，後來眞的有改善。」

這樣說，你既不搶功，可以自然導正主管觀感，也同時幫同事撐場，回頭他也會幫你撐，互相拉抬，何樂不為？

③用「共好語言」建立合作記憶

結案後別只說「感謝大家配合」，請這樣說：

「這次我學到很多，也多虧大家在幾個環節幫我撐場，這專案要是只有自己來做，眞的跑不動。」

這樣既表現了謙遜、認可他人的態度，也同時提升了你的人格分數。

什麼時候可以「提款」？怎麼開口讓別人幫你說話？

既然有「存款」，是不是也可以「提款」？什麼時候使用最適合呢？

①想被提名或推薦，可以「鋪陳環境」讓對方自然說出

你不必說「拜託你幫我講一下」，請這樣鋪陳：

「最近好像在評估明年的儲備主管，我是有點興趣，但還在思考自己準備得夠不夠，如果你覺得我哪裡可以強化，還希望你提醒我一下。」

這段話的意涵是：

・你表達了企圖心（但不直接索求）。
・給對方心理預設：「他有意願。」
・給他一個出口：下次有場合，他會自然而然替你「補充一句」。

②不必直接拜託主管幫你說話，而是「說出準備」讓他想挺你

你可以說：

「主管，我滿想挑戰儲備幹部的角色，最近也在主動學幾個專案管理技巧，希望下次有更合適的任務時，能給我機會練習。」

這樣說會讓主管心想：

「喔～～他有在準備，而且不浮誇，值得投資看看。」

③被問到時，要懂得「以退為進」讓對方更願意支持你

如果別人說：「你要不要我幫你說一下？」

請不要急著說：「好啊！拜託幫我講！」

請這樣回：

「如果你覺得我準備得還可以，再麻煩你，不過也不用勉強，我更希望是因爲你眞的覺得我值得。」

這樣說法有三大好處：❶不強迫對方；❷顯得謙遜；❸更能激起對方「我就覺得你值得」的內在動力。

人情存摺的黃金法則

在這裡幫大家歸納建立「人情存摺」的三大黃金法則，請務必時時謹記。

1. **「存款」時不計較立即回報**：你是真心讓人輕鬆合作，不是精算利益。
2. **「提款」時不做情緒綁架**：你是請託，不是施壓。
3. **聲望的累積，來自一次次的小細節**：那些能被同事背書、主管信任的人，從來不是一次就做到的，而是長期讓人心裡有一句話：「他值不值得？值！我願意幫他講話。」

逢凶話吉TIPS

聲望不是自己講出來的，而是別人替你說出來的。

別小看每一次幫別人說話、撐場、補位的舉動，你默默做的這些事，會在未來的關鍵時刻，被默默記住。

真正厲害的人，不是會吹自己的號角，而是能讓別人在不經意間，幫你奏起升遷進行曲。

42

你的競爭對手，比你更有心機
——如何應對升遷競爭

Q

競爭對手搶在你前面發報告給主管，還特地CC給部門，你怎麼辦？

A.「他真的很會做效果喔，我才懶得跟這種人比。」

B.「既然他搶先做，我就改別的資料再送一份，讓主管比較看看。」

C.「我後續也會整理我的版本，加入幾個不同觀點與建議，主管若需要補充資料，我這邊也可以提供。」

A 正解是C，這樣說穩重、成熟、不動怒，也更容易讓主管看到你的思考深度與態度。

你以為升遷拚的是能力，後來才發現是手腕

同部門的小梁在你前一兩年進公司，工作表現平平，但最近動作頻頻：

・每週主動發報告給主管。

・在跨部門會議上總是搶第一個發言。

・私下還不斷與資深同事建立「連線」。

你表面看淡，心裡卻知道：**他就是在鋪路爭取升遷**。

你想堅持「努力本位」的信念，但也開始懷疑：「我是不是太單純了？是不是這場升遷賽裡，我早就輸在起跑點？」

別急著學他的心機，但你必須學會：升遷這場戰爭，不是靠無聲的苦幹，而是靠**「有策略的可見度＋低風險感＋穩住心理戰」**。

最錯誤的心態，就是以為努力就會被看見

很多人在職場中跌倒，不是輸在能力，而是輸在這種信念：

「我不玩這些心機，主管自然會知道我比較適合。」

不好意思，主管不是神算子。

如果你**不主動營造存在**、**不設法降低他對你的疑慮**、**不應對他人的攻勢**，你可能就是那個：最安靜、最穩定、也最容易被忽略的升遷候選人。

這一篇，我們就來拆解：

1. 升遷不是選最好的人，而是風險最低的人。
2. 如何應對升遷前的心理戰、流言戰、印象戰。
3. 你不心機，但你要有手段，讓主管選你最「保險」。

升遷不是比能力，是比「主管的心理安全感」

主管在選升遷對象時，最常問自己三個問題：

1.我升他，會不會影響團隊氣氛？

2.他升了，其他人服不服氣？

3.他升了，會不會搞砸事情或需要我一直擦屁股？

所以，他不一定選最拚、最聰明、最資深的，他會選那個「最不會讓我出事」的人。

這就是升遷的潛台詞。

讓你成為主管最穩的選擇

做對以下三件事，你就可以成爲主管挑人的不二選擇！

①建立「可以信任、不會翻車」的印象

你要讓主管對你有一種感覺：

「交給他，事情會完成，氣氛不會壞，沒人會抱怨。」

說話與做事的風格請轉換爲：

- 討論中能幫大家緩頰，說：「我理解A的角度，我這邊試著協調一下。」
- 信件回覆快速且語氣穩定，不放負面情緒、不甩鍋。
- 任務中有衝突時，你主動去解，主管只需要接收結果。

這類人，就是升上去最不會出問題的類型。

②在主管面前，幫他解決「團隊政治」的難題

不要一味做事，要做主管難開口處理的事：

- 幫忙溝通不同部門立場。
- 簡報要整合混亂資訊並包裝清楚。
- 對外爭議先協調到一個合理解法，讓主管有台階下。

這樣的行爲會讓主管產生一個強烈的念頭：「我升你，就是幫我減壓。」

升遷就是這麼現實：**幫得了我，我就提拔你；讓我頭痛，我就選別人。**

③對抗「下馬威」，不逃也不硬碰，轉為穩定應對

當競爭對手在你面前故意秀成果、散播「你可能不夠格」的暗語時，你要這樣應對。

範例話術：

「你最近表現真的很積極，我這邊其實也有在準備下一階的挑戰。每個人做法不同啦，最後還是看主管怎麼安排，我自己會穩穩地做準備。」

這句話有三層意義：

1.不示弱，表明你也有意願爭取。

2.不反攻，顯得成熟、冷靜。

3.隱性讓主管知道：你有自信，但不鬥爭，穩得住。

對比之下，其他那位（或那些）散播情緒與消息的人，就顯得不夠格了。

逢凶話吉TIPS

升遷不是頒獎典禮，是一場人性測驗與心理賽局。

你不需要變成心機人，但你不能只當一個努力的人。

你要做那個「最穩、最好合作、最值得主管信任」的人。

策略不是虛偽，而是保護你的努力不被低估；沉穩不是被動，而是讓主管安心做決策。

讓主管覺得選你最安全，你就贏了一半。

43

加薪談判不是請求，而是讓主管認同

——如何讓主管主動升你

Q

你覺得主管最近在考察升遷人選，這時候你該怎麼表現？

A.「我覺得我已經夠資深了，也應該輪到我升了。」

B.「我不爭啦，看主管怎麼決定。」

C.「我這幾個月有在練習整合跨部門資料，還在試一些新的簡報法，也希望讓主管未來能有更多指派的空間。」

A

正解是C，這樣說不爭但有準備、不請求但有暗示，對主管來說是「聰明的選擇」。

升遷評估階段，主管說你「表現不錯」，但名單沒有你

你持續一整年努力，跨部門協作、加班加點、專案也都完成得不錯。主管也曾當面說：「你做得很好，這段時間表現有目共睹。」

但當升遷名單出來，你卻不在其中。

你心裡浮出一句最常見、也最痛的疑問：「到底要做到什麼程度，主管才會主動提拔我？」

你以爲升遷靠成績，但其實，**升遷靠的是主管內心的「安全感＋認同感」**。

這篇，我們就來破解升遷背後的眞相。

升遷不是「獎勵你」，而是主管在「選擇自己的人生隊友」

你以為主管在問：「誰表現最好？」

但他其實在問：

· 誰升上去，最不會影響團隊氣氛？

· 誰升了，其他人最服氣？

· 升誰，我最不會後悔？

· 升誰，不會來搶我的位子？

所以你要懂得：**升遷不是請求，而是一種「讓主管安心」的心理工程。**

讓主管「主動選擇你」的三個核心策略

想要讓主管主動選擇你升遷，其實你要「先安他的心」，策略有三。

①建立「升你不會失控」的形象

主管最怕的，不是你能力不夠，而是你升了之後：

．太張揚。

．太有想法。

．把團隊搞亂。

．或讓他感到威脅。

你必須讓主管看到——**你升了，只會讓他「省心」，不會讓他「失勢」**。

你的說話方式應該改成這樣：

「我一直希望往更能協助團隊穩定、分擔責任的角色走，也會避免造成太大變動，讓同仁可以更快適應新節奏。」

這樣說的重點在於：❶你表達想升遷的意願，但不是爲了當主角；❷你展現能力，但強調的是「支持主管、穩定團隊」。

②用「問未來」的方式，讓主管設想你升遷的樣子

你不必直接說：「我想升遷。」

你可以說：「如果未來我有機會負責跨部門協調，您覺得我現在在哪個能力上要再加強一點？」

這樣講的用意是：❶表達企圖；❷給主管「模擬」的空間；❸讓他開始把你「放進未來的劇本」。

要知道，主管願意幫你加分，就是從這種對話開始的。

③給主管一個「升你是聰明選擇」的理由

你可以這樣鋪陳：

「我自己在觀察部門幾個系統性的困難，也開始累積一點整合方案的嘗試，希望未來能成爲團隊中的穩定者與加速者。」

講白話就是：「我升遷之後，會幫你處理你不想處理的麻煩。」

主管升你，不是爲了獎勵你，而是**解決他自己的問題**。

這，就是你的升遷關鍵句。

進階技巧：降低主管升你的焦慮，讓他甘願投你一票

有了前面三個核心策略，我進一步提供兩個進階技巧，讓你可以離升遷更「近」一步吧！

①主動建立「不搶光、懂分寸」的形象

- 升遷後公開發言時，先感謝團隊、主管、他人支持。
- 功勞不獨占，常用「我們的團隊」、「在長官帶領下」這類語言。
- 把升遷的光環「分散」，讓主管不怕你出風頭。

②與主管一對一時，強調「你是支持而非挑戰」

你可以這樣說：「我知道每個人角色不同，我的目標從來不是要表現得多突出，而是讓您更好推動整體布局。」

這會讓主管感受到：❶你有能力；❷但你不會失控；❸他可以放心升你，但不用怕你將來跟他搶舞台。

逢凶話吉TIPS

升遷從來不是你開口爭來的，而是你讓主管「覺得升你最安全」的結果。

真正的高手，不拜託、不邀功，也不討拍，而是用實力讓主管相信：**提拔你，是他最不會後悔的選擇。**

升遷是種心理遊戲，玩的不是誰最拚，而是——**誰最懂主管的內心戲。**

44

公司裁員了，走的是他不是我——讓自己成為裁員絕緣體

Q

若公司開始裁員，你想讓主管覺得「不能少了你」，你該怎麼做？

A.「主管，我會乖乖做事，絕不抱怨，拜託不要裁我。」

B.「我願意多分擔不同部門的需求，也能幫忙整合流程，請主管放心指派。」

C.「應該不會裁我吧？我也做很多啊！」

A

正解是B，這樣說強調的是可延伸性、支援性與可指派性，是主管最愛保留的類型。

隔壁同事收到了資遣信，你卻毫髮無傷

早上進辦公室，突然發現有幾個座位清空了。

你聽說，是部門縮編，某些人「被請走了」。

你心裡居然有點「鬆口氣」的感覺，因爲「還好這次不是我」。

但也開始不安：「下一輪呢？我是剛好躲過，還是眞的比較有價値？」

你知道自己努力，但你也知道——**公司不是看你多努力，而是看「留你是否必要」**。

留下來，不代表你安全；只有「不可替代」，才是眞正的保險。

象。

公司裁員時，主管真正會先看這三種人

1.「功能單一」的人：只能做一件事的人，最容易被系統取代。

2.「存在感低」的人：默默做事沒存在感，主管很難為你說話。

3.「態度冷淡」的人：只做分內、不願補位、不參與討論，給人「可有可無」的印象。

反之，你想成為留下來的人，必須做到這三件事：

1.讓主管覺得你能補位、獨當一面。

2.讓團隊覺得有你工作更順、不會出包。

3.讓公司覺得你「對內能穩定團隊，對外能創造價值」。

讓主管覺得「你留著＝省麻煩」

主管在決定誰該留下時，腦中會浮現一個問題：

「這個人走了，我要花多少力氣去處理後果？」

你要讓主管覺得：

・留你，他的事會變少。

・用你，他的團隊會更穩定。

・你在，他就不用煩一些小事。

你可以主動說：

「這兩週小組有些任務掉落，我這邊可以先幫忙補一下，您不用特別分派，我會同步整理進度回報。」

這樣表達的意義是：❶主動接球；❷減輕主管壓力；❸自然地把自己定位成「穩定核心」。

讓自己變成「可延伸的角色」

裁員時，被留下的通常不是「技術最強」的，而是「最能跨界支援」的。

你必須讓主管看到：「你不只是這個職位，而是這個團隊的『轉接器』。」

方法包括：

・擁有多一種技能（例如：會設計又會簡報）。

・能與其他部門協調（例如：你是工程師但能與客服溝通）。

・在團隊衝突時，總是能幫忙橋接立場。

這叫作：**讓你的價值超越職位，而不是被職位綁死。**

留下「可以指派責任」的印象

很多主管留下你，不是因為喜歡你，而是因為：

「有事可以交給他處理，不用我操心。」

你要開始訓練自己：

1. 不只是接任務，而是接責任。
2. 回報時說明「狀況＋方案」，不是只有「完成與否」。
3. 被問到時，先說「我來想個做法」，而不是「我不知道」。

讓自己變成那個「主管能放心丟東西給你」的人，你就會是裁員名單外的常客。

職場價值升級三步驟

當你做到前面幾點時，你還要用以下三步驟，時不時幫自己「添柴火」，讓自己升級！

①定期自我盤點

・我目前做的工作，哪一部分可以被自動化或取代？
・有沒有我以外的人也能做我現在的工作？
・我的「第二技能」是什麼？

②為自己「加料」

・在既有工作中多做一點洞察分析。
・爲主管主動整理「風險預判」、「流程建議」。
・跨部門會議中，主動建立溝通關係。

這些都會讓你從「工具人」升級成「思考型夥伴」。

③讓貢獻變成「可視化資產」

- 每月整理一次簡報給主管看（不是報功，而是報進展）。
- 在會議中主動補充一個觀點、統整一段內容。
- 讓別人知道，你的存在會讓團隊更完整。

逢凶話吉TIPS

裁員不是淘汰不努力的人，而是清理「看起來沒那麼必要」的人。

要成為裁員絕緣體，不靠運氣，也不是仰賴巴結，而是要讓主管知道：留你下來，是他最聰明的選擇。

在裁員潮裡，真正留下來的從來不是最會喊口號的，而是**最能讓別人放心、減壓、補位的人**。

你不用成為最亮的那個人，但你要成為最難被取代的那個人。

45

混口飯吃vs站穩腳步——你想在職場「過得去」還是「過得好」

Q

你最近感覺自己只是個被使喚的工具人，該怎麼做？

A.「反正我也沒打算升遷，就這樣過下去吧。」

B.「主管叫我做我就做，不然怎麼辦？」

C.「我最近觀察部門流程有幾個小優化，我想試著簡化一下報表流程，讓團隊下週會議可以更快聚焦。」

A 正解是C，這樣說主動、有貢獻、有想法，而且沒踩主管鋒頭，是「策略型發聲」的典範。

你做事沒出錯，但也從未被讚賞

你每天準時打卡，按部就班地完成主管交辦的任務，也不惹事、不請假、不拖延。

你覺得自己算是個「好員工」，但也開始有些疑問：

・爲什麼升遷名單裡總沒有你？

・爲什麼主管說到「核心戰力」從來沒提過你？

・爲什麼你總是被派去支援別人，而沒人來支援你？

然後你發現一個不太舒服的真相：「我沒有不好，但也沒有必要。」

你不是被忽略，而是被默認爲「可有可無」。

你在公司，是「混口飯吃」，還是正在「站穩腳步」？

當然，在檢討問題時，也需要先反求諸己。就像如果你遇到前面的狀況，你應該先想一下，自己在公司，實際上是在「混口飯吃」，還是已經「站穩腳步」？

混口飯吃的狀態長這樣：

・接什麼做什麼，沒太多想法。
・不主動請纓，也不表現野心。
・一天過一天，做事合格，但毫無記號。

而站穩腳步的人，則有以下特徵：

・能夠主動定義工作價值，延伸任務邊界。
・能夠提出建議、改善流程、創造小成果。
・即便還不是主管心腹，也已經是團隊「不能沒有」的人。

我們要做的，就是讓你從前者轉變爲後者。

第一步：重新定位你的職場角色

請你現在問問自己三個問題：

Q1：我的存在，對主管而言有什麼意義？

如果你每天只是完成「主管交辦事項」，那麼你的角色是「代辦執行人」。

請改成：

「我主動幫主管分擔思考流程、整合資訊、提出建議。」

這樣你才會變成「思考型的夥伴」。

Q2：我在團隊中，是誰的後盾？誰的潤滑劑？誰的發球機？

選擇一種把「角色做深」，例如：

・幫團隊對外溝通（建立信任感）。

・負責簡報統整（強化清晰度）。

・主動補位他人疏漏（被賦予關鍵責任）。

讓你變成「有一塊缺你就怪怪的」的人。

Q3：如果我今天離職，團隊會出現什麼空缺？

這句話刺耳，但非常有用。

因爲只有眞的回答得出「我走了會出什麼事」，你才有不可取代性。

第二步：啟動「策略性成長模式」

不是升遷才叫成長，**「能見度＋可替代性＋多軌技能」**，才是眞正的職場保險，策略性成長的模式有三。

①從「執行者」→「整合者」

不要只「完成任務」，請學會：

・跨部門統整資訊。

・協調不同意見。

・將零散任務轉成系統方案。

這會讓你變成「具備邏輯與溝通能力的資深人才」。

②從「內部協作」→「對外延伸」

請找機會參與：

・對客戶簡報。

・對高層報告。

・跨部門計畫。

讓自己站到第一線，建立你的可見度。

③從「功能型人才」→「影響型人才」

能寫程式，不如會帶團隊寫程式；會行銷，不如能培養團隊的人才循環。

請開始學會分享、教導、建立方法論。

這會讓主管看到你的**延續性價值**，也就是升遷時最重要的籌碼。

第三步：讓主管覺得你是「不能失去」的人

別問：「什麼時候才會有人看見我？」

請做一件事：**讓你的價值變成「看得見」**的。

具體做法：

・每季整理一次成果報告，主動發給主管：「這是這季我參與或主動完成的工作紀錄，也有幾個小優化可以參考看看。」

・開會時不必搶話，但要補關鍵，並能收尾、統整。

・碰到別人不想做的事，你偶爾補一下，讓主管知道「這個人扛得住責任，也不計較」。

這些都會讓主管覺得——「他沒講，但我知道他很穩；他在，就放心。」

逢凶話吉TIPS

你可以過得去，但你也可以過得好。

不想一輩子被呼來喚去，就請停止當個「沒想法、沒定位」的工具人。**職場真正的安全感，從來不是「不要裁我」的心態，而是「主管知道不能沒有我」的存在感。**

你不必張牙舞爪，但你必須「讓自己變得重要」，而不是「可替代」、「不麻煩」、「乖乖聽話」這種表面安全。

真正讓你「站穩腳步」的是：

・做出貢獻，而非只做交辦事項。

・被需要，而不是被習慣。

・有主張，而不是等指令。

因為**「努力」讓你被留下，「價值」才是讓你晉升的關鍵。**

Eurasian Publishing Group
圓神出版事業機構
用心與你對話・視野無限寬廣
方智出版社
Fine Press

www.booklife.com.tw　　reader@mail.eurasian.com.tw

生涯智庫 225

升遷不單靠努力，讀懂空氣更順利：

職場小白必學工作話術與人際觀察

作　　者／蔡祐吉
發 行 人／簡志忠
出 版 者／方智出版社股份有限公司
地　　址／臺北市南京東路四段50號6樓之1
電　　話／（02）2579-6600・2579-8800・2570-3939
傳　　真／（02）2579-0338・2577-3220・2570-3636
副 社 長／陳秋月
副總編輯／賴良珠
資深主編／黃淑雲
專案企畫／賴真真
責任編輯／林振宏
校　　對／林振宏・溫芳蘭
美術編輯／蔡惠如
行銷企畫／陳禹伶・林雅雯
印務統籌／劉鳳剛・高榮祥
監　　印／高榮祥
排　　版／莊寶鈴
經 銷 商／叩應股份有限公司
郵撥帳號／ 18707239
法律顧問／圓神出版事業機構法律顧問　蕭雄淋律師
印　　刷／祥峰印刷廠
2025年9月　初版

定價 400 元　　ISBN 978-986-175-861-9

運用「好厲害」、「原來如此」、「是這樣啊」三句魔法，
就能讓人跟你聊不停。
——《溝通力不是天賦，而是技術：田村淳教你大受歡迎的說話祕訣》

國家圖書館出版品預行編目資料

升遷不單靠努力，讀懂空氣更順利：職場小白必學工作話術與人際觀察 / 蔡祐吉著. -- 初版. -- 臺北市：方智出版社股份有限公司, 2025.09
352 面；14.8×20.8公分 --（生涯智庫；225）
ISBN 978-986-175-861-9（平裝）
1.CST：職場成功法　2.CST：組織傳播　3.CST：溝通技巧
494.35　114009552